# 研究不正と歪んだ科学

―STAP細胞事件を超えて

榎木英介 [編著]
Eisuke Enoki

日本評論社

# はじめに

　本書は2014年に発生したSTAP細胞と称される細胞に関する論文不正事件（STAP細胞事件）を題材に、研究不正をさまざまな角度から論じた本である。

　STAP細胞事件はワイドショーをはじめ、一般のメディアでも盛んに報道されるなど、だれもが知る事件となった。しかし、報道のされ方がセンセーショナルになりすぎたために、「異常な人物が起こした異常な事件」として認知されてしまった。このため、事件が有名な割には、研究不正とは何かという本質的な議論を行うことなく忘れ去られようとしている。

　しかし、STAP細胞事件後も研究不正の事例は報告されており、いまだ収まる気配がない。このままではあれほど話題になった事件から、私たちは何も学んでいないということになる。

　そこで本書は、だれもが知るSTAP細胞事件をとっかかりに、研究不正とは何か、どうすれば防げるのかを考える題材とするべく企画された。6人の著者がさまざまな角度からSTAP細胞事件を取り上げている。以下に概要を紹介したい。

　本書は二部構成をとっている。第1部（第1章から第3章まで）は「STAP細胞事件とは何だったか」に焦点を当てる。第2部（第4章から第6章まで）は「研究不正と歪んだ科学」として、研究不正が起きる構造的背景について考察する。

　第1部では、3名の著者に執筆いただいた。

　第1章を執筆した粥川準二はSTAP細胞事件を取材した経験があるジャーナリストだ。粥川には取材経験から、STAP細胞事件の発生から今日までの経緯をまとめてもらった。取材現場に行った者しか分からない生々しい現場の様子をうかがうことができる。

　第2章を執筆した中村征樹は研究倫理、科学技術社会論、科学技術史、科学コミュニケーションを専門とする研究者だ。STAP細胞事件の際には、理化学研究所が設置した「研究不正再発防止のための改革委員会」の委員として、理化学研究所における研究不正の再発防止策の提言に携わった経験を持つ。中村には研究倫理の専門家としての立場から、研究不正の防止について論じてもらった。

　第3章を執筆した舘野佐保は学術ジャーナル（論文雑誌）の編集者だった経験を持つ。舘野には編集者の視点から、STAP細胞の論文にどのような問題点があ

ったのかを考察してもらった。

第2部は3名の著者が執筆した。

第4章を執筆した大隅貞嗣は生命科学の研究者で、大学や企業での研究経験を持つ。大隅には「バイオ産業」「医薬品産業」が抱える問題点について解説してもらった。

第5章を執筆した片木りゅうじはバイオ関連企業の社員で、理化学研究所にテクニカルスタッフとして勤務した経験を持つ。片木には研究現場の視点から、日本の研究機関が抱える組織的な問題点について論じてもらった。

そして導入の序章と最終章である第6章は榎木英介が執筆した。

榎木は本職の医師（病理医）の傍ら在野の立場で日本の研究が抱える問題点を長年ウォッチしてきた。研究不正の問題も関心の対象であり、STAP細胞事件の渦中の2014年には『嘘と絶望の生命科学』（文春新書）を出版し、研究不正が抱える構造的問題について論じた。榎木は研究不正だけでなく、さまざまな問題行為が研究の健全な発展を阻害している現状について論じ、健全な研究をどう発展させていくべきかについて考察した。

以上、6人の著者は、STAP細胞事件を扱ってはいるものの、それだけにとどまらず、それを超えて、研究不正を起こしにくくし、日本や世界で行われている研究が健全に発展していくためにどうすればよいかを考察している。

科学を含めた様々な分野の研究が健全に行われることは、社会にとって重要なことだ。成果がゆがめられた研究によって損害を受けるのは、研究者だけではない。こうした研究を行うために使われた費用や、こうした研究を参考にして行われた研究を行う費用、そして不正な研究を調査するための費用を誰が負担をするのか考えてほしい。そして、ゆがめられた研究が健康被害を及ぼすことさえ考えられる。あらゆる人が当事者になりうるのだ。

だから、本書は研究に関わる者のみならず、あらゆる立場の人に読んでほしい。

それぞれの章は独立しており、どこから読みはじめてもよい。専門書ではないので、関心のある章から気軽にページをめくってほしい。

著者を代表して　榎木英介

## 執筆者一覧

**榎木英介**（えのき・えいすけ） はじめに、序章、終章、おわりに　執筆

1971年生まれ。神奈川県横浜市出身。東京大学理学部生物学科卒、神戸大学医学部医学科卒。博士（医学）。現在、一般社団法人科学・政策と社会研究室（カセイケン）代表理事/病理医。おもな著書に『博士漂流時代』（ディスカヴァー・トゥエンティワン（科学ジャーナリスト賞2011受賞））、『嘘と絶望の生命科学』（文春新書、2014年）がある。

**粥川準二**（かゆかわ・じゅんじ） 第1章、コラム「小保方氏の手記『あの日』で書かれなかったこと」、コラム「STAP細胞をめぐる『流言』について」　執筆

1969年生まれ。愛知県出身。博士（社会学）。フリーランスのサイエンスライターなどを経て、2019年4月より県立広島大学新大学設置準備センター准教授。おもな著書に『バイオ化する社会』、『ゲノム編集と細胞政治の誕生』（いずれも青土社）、共訳書に『逆襲するテクノロジー』（早川書房）、監修書に『曝された生』（人文書院）がある。

**中村征樹**（なかむら・まさき） 第2章　執筆

1974年生まれ。神奈川県出身。東京大学大学院工学系研究科博士課程修了。博士（学術）。大阪大学全学教育推進機構准教授、一般財団法人公正研究推進協会理事。STAP問題では、理化学研究所の設置した「研究不正再発防止のための改革委員会」の委員を務めた。おもな編著に『科学の健全な発展のために』（丸善出版）、『ポスト3・11の科学と政治』（ナカニシヤ出版）がある。

**舘野佐保**（たての・さほ） 第3章　執筆

1975年生まれ。北海道札幌市出身。東北大学大学院農学研究科博士課程前期修了、米国イースタンミシガン大学大学院英米文学科博士課程前期修了。農学修士（生命科学）・文学修士（文章コミュニケーション）。青山学院大学アカデミックライティングセンター助手。連載「英語科学論文の執筆をめぐる旅」（雑誌『化学』）、連載「謙虚な大学作文教育論」（雑誌『化学と生物』）がある。

**大隈貞嗣**（おおくま・さだつぐ） 第4章　執筆

1977年生まれ。高知県出身。京都大学理学部卒業、同大学院生命科学研究科修了。博士（生命科学）。三重大学大学院医学系研究科（執筆時）。

**片木りゅうじ**（かたぎ・りゅうじ） 第5章　執筆

1978年生まれ。東京都出身。東京大学大学院博士課程単位取得満期退学。外資系企業勤務。おもな著書に『失敗しない大学院進学ガイド』（分担執筆、日本評論社）がある。

はじめに i
執筆者一覧 iii

# 序章　STAP細胞事件から本書発売まで　1

# 第1部　STAP細胞事件とは何だったか　11

## 第1章　事件としてのSTAP細胞問題　13

「STAP現象の検証」と「研究論文に関する調査」 13
「検証実験」の中間報告 14
小保方氏も丹羽氏も再現できず 17
STAP細胞はES細胞である可能性 20
新たに不正2点を認定 23
オリジナルデータが提出されないので不正ではない!? 24
小保方氏には「論文投稿料60万円」を請求するのみ 27
野依理事長の辞任（?）会見 29
「研究機関運営の倫理」の欠落 33
コラム　小保方氏の手記『あの日』で書かれなかったこと 37
コラム　STAP細胞をめぐる「流言」について 40

## 第2章　研究不正をどう防止するか──STAP問題から考える　43

STAP問題と研究不正の再発防止 43
研究不正とは何か？ 45
「規定上の研究不正」と「科学としての不正」 47
研究不正をいかに防止するか 52
研究不正問題への対応とその現状 56
文科省新ガイドラインへの対応を超えて 61

## 第3章　STAP論文の検証とこれからの学術論文執筆　65

STAP論文の文章分析　65
論文捏造はどうして起きるのか?　70
改善策の提案　75
学術論文はどうあるべきか　84

# 第2部　研究不正と歪んだ科学　87

## 第4章　バイオ産業と研究不正　89

STAP細胞と利益相反問題　89
医薬品産業の栄枯盛衰　93
バイオベンチャー、苦難の道　98
政治化する医薬品産業　106
再生医療の希望と影　114
どうする日本のバイオ　117

## 第5章　バイオ研究者のキャリア形成と研究不正　123

「理研CDB解体の提言」が意味するもの　123
研究室の構造問題　140
止まらない不正と、スタッフの暗黒　145
「PIラボ制度」の解体と、新生　152

終章　研究不正を超えて──健全な科学の発展のために　159
　　STAP細胞事件が遺したもの　159
　　研究不正の発生と環境要因　161
　　不十分な国の方針　163
　　相互批判の難しさ　166
　　研究不正を起こすな、の限界　167
　　グレーゾーンの存在　168
　　QRPからDRPへ　170
　　ずさんな研究の横行　172
　　目指すはよい研究　174


おわりに　179
索引　182

# 序章　STAP細胞事件から本書発売まで

　2014年に発生したSTAP細胞事件は、大学や研究機関などいわゆる「アカデミア」にとどまらず、ワイドショーも含めた一般メディアも多く取り上げ、社会現象となった。当初本書は、STAP細胞事件の背景を取り上げることで、研究不正とは何かをタイムリーに読者に提供する本として企画された。

　しかし、諸事情により出版が先延ばしになっていき、そうこうしているうちにSTAP細胞事件が話題になることは少なくなっていった。2016年に小保方晴子氏が『あの日』(講談社)を出版するなど、その後も思い出したかのように事件が報道されたが、あくまで「あの人は今」といった過去の話題の掘り起こしにとどまっている。論文に捏造・改ざん・盗用があったことは確定されており、STAP細胞の作成が再現できなかったことや、STAP細胞とされるものがES細胞であることが明らかになったことも含め科学界では事件は決着している。今後STAP細胞に類似した現象が発見されたとしても、それはSTAP細胞の再現ではなく、あくまで新しい現象の発見でしかない。いまだSTAP細胞事件は小保方氏を潰すための陰謀だった、と唱える人もいるが、報道の多さを取り払ってしまえば、単なる研究不正の事例に過ぎず、何も陰謀論を持ち出す必要はない。

　しかし、その後も多数の研究不正の事例が報告され続けている。

　2017年には、東京大学分子細胞生物学研究所(当時、現在は東京大学定量生命科学研究所)の研究者の研究不正が明らかになり、2018年には京都大学のiPS細胞研究所で30台後半の研究者がデータ改ざんをしていたことが明らかになった。これらの事例はどれもSTAP細胞のように過剰に報道されることはない。当然陰謀論も出ない。

　そして2018年、ある日本人研究者が行った、史上最悪とも呼ばれる研究不正の事例が世界に広く知られることとなった。

弘前大学の教授の経験もある故佐藤能啓（よしひろ）氏は、骨粗鬆症の治療に関する臨床研究を多数行っていた。これらの研究は診療ガイドラインにも掲載され、患者の治療の根拠となっていた。ところが、これらの臨床研究は捏造で作られ、実際に行われたものではないことが明らかになった。佐藤氏が関わった不正論文を外すと、治療ガイドラインが変わってしまうことになり、患者が間違った治療を長年にわたり受けていたことになる。これは基礎研究にとどまるSTAP細胞事件どころではない深刻な影響を医療に及ぼしている。

　この事例は『サイエンス』や『ネイチャー』といった一流科学誌が大きく報道した。その内容は日本の研究不正対策の不備を強く批判するものであった。『サイエンス』は論文撤回監視サイト「リトラクションウォッチ」の撤回論文数ランキング上位に多数の日本人がいることを指摘した。『ネイチャー』は、研究不正を調査する日本の大学に問題点があることを指摘した。

　佐藤能啓氏と共同研究者であった岩本潤氏の撤回論文数は増え続けている。現在佐藤氏と岩本氏を含め、撤回論文数ランキングの上位6人中4人が日本人だ。堂々のトップは麻酔科医の藤井善隆氏。183報の撤回論文数は当面破られることはないが、佐藤氏はそれに迫る可能性がある。

　この事例もメディアではあまり報道されない。STAP細胞と比べ物にならないほど悪質で、影響も多岐に及ぶこの事件を知る人は少ない。これだけ世界から懐疑的な目でみられているにも関わらず、科学界の中でも話題にならない。

　STAP細胞事件とたまたま同時期に改定された文部科学省の「研究活動における不正行為への対応等に関するガイドライン」は、各研究機関に対し、研究不正防止対策と研究不正が起こった後の対応を、責任を持って行うことを要求している。具体的には、各研究機関は研究不正を疑う事例が発生したときに、外部委員を交えた調査委員会を設置し、調査を行うこと、研究倫理担当者を設置すること、研究倫理に関する教育を実施すること、などだ。

　新ガイドライン制定後の研究倫理教育に筆者も深く関わることになった。

当時、筆者が所属していた近畿大学医学部では、研究倫理教育を担当した。また、オンラインの倫理教育プログラムであるCITIプログラムの日本版を作っていた研究者らが立ち上げた一般財団法人公正研究推進協会（APRIN）に関わり、さまざまな大学や研究機関に出向き、研究倫理に関する講演を行なっている。このほか、「Yahoo！ニュース個人」などで研究不正に関する記事を執筆したりもしている。

　こうした研究倫理教育や記事執筆には、研究者の意識を高め、注意を喚起する一定の効果もあるだろう。しかし、限界を感じざるを得ないのも事実だ。APRINはCITIプログラム日本版を受け継ぎ、eAPRINとしてオンラインの研究倫理教育を提供している。しかし、受講者をみると、義務で仕方なくやっているという様子が見て取れる。研究機関や学会などを行脚して講演を行なっているが、講演を行ったある研究機関で研究不正の事例が発生するなど、講演受講が形骸化しているのでなないかと思わざるを得ないケースもある。また、新ガイドライン施行から数年がたち、研究倫理講習会が定着したのはよいことだが、毎回同じような内容では儀式のようになってしまい、内容が身に入らない可能性がある。講演する側にも工夫が求められる。

　研究倫理教育の現場で感じるのは、STAP細胞事件の大きすぎる影響だ。あのとき筆頭著者である小保方氏個人に集中放火を浴びせすぎたことにより、大学や研究機関が抱える問題が温存されてしまい、「自分ごと」として考える人が増えることに繋がらなかったのではないかと思う。それどころか、滅多にいない研究不正を行う人のせいでとばっちりを受けているという意識さえ見て取れる。研究不正を「他人ごと」として捉えているようでは、いくら「研究不正はやるな」と声高に叫んだところで、聞く耳を持つ人は増えない。

　あれはやるな、これはやるなといった「ダメ出し」ばかりするのでは、人はやる気を失うし、面白みもない。このような倫理を「予防倫理」という。STAP細胞事件は、研究者たちに「予防倫理」を考えさせるきっかけの一つとなっていると思うが、同時に研究不正を当事者として考えるという意識を失わせているとも言える。

近年、再現性の危機が取りざたされている。医学や生命科学などでは、実験の7割が再現できないと言われている。その理由は、研究不正ではなく使用した細胞や個体、試薬等の条件の違いに起因するものが多い。

　また、統計的優位差を出すために研究データにさまざまな手を加える「p-hacking」も問題になっている。論文が増え続け、誰にも読まれない論文が量産されているという問題もある。現代の科学が抱える問題は、研究不正よりも多く、しかも害を与えているといえる。そう考えると、研究不正の防止だけでは、現代科学の研究をより健全なものにしていくことはできないことは明らかだ。研究不正は大きな問題の一部に過ぎない。

　こうしたなか、研究不正を起こさなかった、起こさせなかった事例を集めるなど、うまくいった事例を集め、こうしたほうがよい、こうあるべきといった前向きなことを考える「ポジ出し」の倫理教育が求められているといってもよいだろう。研究不正をしないことを目標とする後ろ向きの倫理教育ではなく、こうしたらよい研究ができた、できるといったことを考える前向きな「ポジ出し」倫理教育ならば、誰もが当事者になれる。これを志向倫理という。

　現在研究倫理教育の現場では、どうやったら志向倫理教育を行うことができるのか、議論が進んでいる。科学技術振興機構（JST）や日本学術振興会（JSPS）、日本医療研究開発機構（AMED）、APRINなどが研究倫理担当者向けの講習会やワークショップを行い、志向倫理や参加型倫理教育などの普及を行なっている。AMEDは全国の研究機関の研究倫理担当者のネットワーク「RIOネットワーク」を作った。

　このように、当初本書が発売される予定だった時期から5年が経過し、「ポストSTAP時代」となったいま、研究不正をめぐる状況は大きく変わりつつある。今更STAP細胞事件を振り返って何の意味があるのだろうと訝しがる方もおられるだろう。STAP細胞事件そのものを考えるのなら、『捏造の科学者──STAP細胞事件』（須田桃子著、文藝春秋）で事足りるだろう。

　しかし、あえていまSTAP細胞事件を取り上げるのには意味がある。

第一の理由は、あの事件には、研究不正にとどまらず、現在の生命科学を中心とする科学が抱えている諸問題が凝縮されていたからだ。だれもが驚くようなずさんな研究がなされた背景、研究成果を誇張するアピールの仕方、被疑者の言い分に対処できない調査体制、研究不正の認定と再現性問題の混同、…。こうした問題は現在に至ってもなんら解決していない。それどころか悪化しているとも言える。

　上述のように、研究不正の対策や対処は研究機関が責任を持って行うことになっている。これはガイドライン改定前から変わっていない。しかし、『ネイチャー』が批判するように、日本の研究不正の調査体制には問題がある。調査結果が公表されなかったり、外部の評価委員の関与が限定的だったりするからだ。

　こうした問題点が、研究不正の対策に大きな影を落としている。岡山大学や東北大学の事例では、大学の執行部の論文に疑義を訴えた教授が処分されるという事態となった。研究不正の可能性を訴えたことが、大学を貶める行為だというのだ。ガイドラインでは、研究不正の疑義に対し調査を行い、研究不正が認定されなかった場合、調査結果は公表しなくてよい。このルールを使えば、研究不正の調査を恣意的に操作し、研究不正ではないと認定することで、執行部の疑義は晴らすことができるし、疑義を訴えた者に逆襲することさえできてしまう。

　東京大学の事例でも、分子細胞生物学研究所と医学部所属の研究者が疑義を申し立てられたが、分子細胞生物学研究所の研究者だけが研究不正と認定された。メディアを通じて非公開の調査報告書を見たが、医学部の研究者の行為が研究不正に当たらないことに不自然さを感じざるを得なかった。

　研究機関が研究不正認定に及び腰なのは、訴訟を恐れているからでもある。2010年に発覚したケースでは、琉球大学の教授の論文に研究不正が見つかったが、大学は教授に処分を下すことができなかった。教授が起こした地位保全の訴訟で大学側が敗れたからだ。また、名誉毀損で訴えられる可能性もある。文部科学省は日本で発生した研究不正の事例を集め公表しているが、名前は一切記載していない。氏名を公表することは名誉毀損の

要件にあたる可能性があるからだろう。小保方晴子氏は実名で報道されたが、あまりに名誉毀損にあたる報道等が多すぎて対処できず放置しているに過ぎないのではないか。実際STAP細胞事件を報じたNHKの番組は、放送倫理・番組向上機構（BPO）から人権侵害にあたると認定されている。

　こうしたことは、研究機関だけでは研究不正に対処できないから起きたことだと言える。ならば諸外国にならい、国が研究不正調査等を監督する第三者機関を作るべきかもしれない。アメリカには日本の厚生労働省にあたる保健福祉省の研究費を得た研究者の研究不正の調査や研究倫理教育を行う研究公正局（ORI）がある。国によっては政府の組織ではない独立した第三者機関が存在するところもある。BPOのような組織だ。しかし日本にはこうした機関は存在しない。

　文部科学省は、国が研究不正に関する独立した組織を作らないのは、学問の自由を尊重したいからであり、あくまで研究者の自主性に任せるという。しかし、自主性に任せた結果、諸外国から研究不正の対応がずさんであると懐疑的な目でみられる事態に至ったと言える。諸外国のシステムをそのまま導入すればよいというわけではないが、第三者機関がないならないで、日本独自の「研究公正システム」を構築し、諸外国からの懸念を払拭すべきではないだろうか？

　研究不正の事例を個人で収集し、ウェブサイトで公開している白楽ロックビル氏は、もはやこうした第三者組織には期待できず、研究不正は警察が捜査すべきであるとさえ述べる。実際に高血圧治療薬バルサルタン（商品名ディオバン）をめぐる研究不正では、裁判を通じて研究不正が起こった過程が明らかになっている。研究不正が司法の手に委ねられるのは、贈収賄などが絡んだケースに限られるため、研究不正を司法が裁くのは現実的ではない。しかし、こうしたある種の極論に説得力があるのも、日本の研究不正対策に不十分な点があるからではないか。

　このような、研究不正に対する調査や処分の問題点も、STAP細胞事件ですでに現れている。STAP細胞の事例を検討することは、今後の研究不正対策を考える上でも重要であると言える。

　第二の理由は、なんといってもSTAP細胞の事例の知名度が高いからだ。

これだけSTAP細胞を上回る事件が発生しているのにも関わらず、こうした事件を知らない人がほとんどだ。いまだ小保方さんが、とか、陰謀だとか、本質的でないことが語られている。そしてそれも、一つの時代を騒がせたネタとして消費され尽くし、歴史の闇に消えようとしている。

　だからこそ、事件発生から5年たち、STAP細胞事件が歴史の一ページとなりつつありながら、いまだ記憶に新しいというこの状況で、あえてSTAP細胞を扱った書物を出す意義がある。もう少し前では、事件の記憶が生々し過ぎてスキャンダルとして扱われ、もう少し後では、事件が記憶の彼方に消えてしまい、事件を知らない世代が出てきてしまう。

　もちろん、事件が現在進行形で起きていた2014年や2015年に出せたら、売り上げもそれなりに伸びただろう。しかし、事件としては決着していると同時に、人々の記憶にはまだ生々しくあるいま、あえてお蔵入りしそうな話題に日の目を見させたい。今さらSTAP？と思って本書を手に取った人たちが、本書をきっかけに、研究不正や日本の研究のあり方を考えてくれたらとの思いを込め、本書を世に送り出す。

　本書で研究不正やいま科学が抱えている問題に関心をもったら、さらに次に進んでほしい。現在、日本学術振興会から研究不正に関する教科書『科学の健全な発展のために誠実な科学者の心得』（丸善出版、2016）（通称グリーンブック）が出ている。また、現場の研究者が書いたよい教科書も出た。こうした本を通じてさらに学んでいってほしい。そして、研究不正は研究という行為が抱える問題の一つに過ぎないことも知ってほしい。こうした問題を取り扱う良書も出ている。

　また、ウェブサイトなどにも情報がある。科学技術振興機構（JST）が開設している「研究倫理」には、公的機関の情報が集約されている。白楽ロックビル氏が個人で開いているサイト「研究者倫理」には、洋の東西を問わずさまざまな事例がアーカイブされている。巻末の「おわりに」に本やウェブサイトのリストをのせたので参考にしてほしい。

　私たちも情報を発信し続けたい。「Yahoo！ニュース個人」等で記事は書き続けていきたい。また、メールマガジン「サイコムニュース」では、毎週研究不正や研究をめぐる問題に関する記事や資料をピックアップして

ご紹介している。

　さらに先に進む人が出てきたら、この上ない喜びだ。

　問題を問題だ、と言っているだけでは評論家に過ぎない。私たちは問題解決も考え、行動している。2018年、私は本書の著者の一部も含む仲間とともに一般社団法人科学・政策と社会研究室（カセイケン）を立ち上げた。この法人では、その名の通り科学の現場や科学技術政策、科学技術が社会に与える影響などを調査し、科学技術が今以上に社会問題の解決につながることを目標に活動している。私たちの活動はSDGsとも通じているかもしれないと思っている。

　まだまだ小さな組織に過ぎないが、社会が科学を通じてより良いものになるべく、コツコツと活動している。何も私たちの組織に加わってほしいとは言わないが、読者の皆さんがそれぞれの立場で、科学技術と社会のあり方や科学技術政策、そして研究者たちに意見を言ってほしい。

　これだけ科学技術が人々の生活に深く関与しているにも関わらず、日本では科学技術政策が選挙の争点になることはない。研究不正の事例があからさまに示すように、一部の研究者は社会の発展や課題解決より、私欲で研究し、不正にまで手を染める。あるいは不正に手を染めないと生き残れない過酷な競争が背景に横たわっている。こうした状況を放置すれば、科学技術を生業としていない人たちにも負の影響を与えてしまう。研究不正をせざるを得ないほど過酷な状況に追い込まれているのは、研究者たちが過酷な就職難に直面しているからでもある。2018年から19年にかけて報道されたように、就職氷河期世代やロスジェネと呼ばれる世代の研究者たちが、研究職が得られず行き詰まり、自ら命を絶つケースが出ている。せっかく多額の国費を投入し、博士号か同等の能力を持つ人材が多数輩出されたにも関わらず、40代以降生活保護を受給せざるを得ない状態になったとしたら、どれほどの国家的な損失になるのかとため息をつかざるを得ない。そもそも研究不正やずさんな研究は、多額の国費を浪費することにつながる。経済的損失がすでに出ているのだ。

　こうした状況を変えられるのは、研究者や当事者だけではない。当事者

にできることは多々あるが（もちろん本書が研究者の手に渡り自分ごととして行動してくれることにつながることを願っているが）、研究が公的に行われている以上、その体制を変えることができるのは国民だ。それは研究者ではない読者の皆さんだ。この状況がおかしいと皆さんが思い、皆さんの代表からなる政府を動かさないと問題は解決しないからだ。

　STAP細胞事件から離れ、やや大風呂敷を広げてしまったが、この小さな本が、一ミリでも研究を取り巻く環境を良くし、社会を変えることにつながることに繋がってほしい…。そう願いながら、この長い序章を終えたい。さあ次のページを開き、研究不正への旅の第一歩を踏み出そう。

第1部

STAP細胞事件とは何だったか

# 第1章　事件としてのSTAP細胞問題

## 「STAP現象の検証」と「研究論文に関する調査」

　2014年1月9日、理化学研究所の発生・再生科学総合研究センター（CDB、当時）の小保方晴子・研究ユニットリーダー（当時）らは、「STAP細胞（刺激惹起性多能性獲得細胞）」という新しい多能性細胞を作製することに成功したと記者会見で報告した。その成果は翌日、世界的に読まれている学術科学雑誌『ネイチャー』で、2本の論文として公表された[*1]。

　周知の通り、いまではこの2本の論文にはいくつかの研究不正があることが確定してすでに撤回されており、STAP細胞とみなされたものはES細胞（胚性幹細胞）であった可能性が高いこともわかっている。

　しかし、いったい誰がES細胞を混入したのか、それは故意だったのか過失だったのか、という"事件の真相"については、依然としてはっきりしない。真相がはっきりしないまま、事件としてのSTAP細胞問題は幕を閉じ、風化し始めている。

　筆者が、STAP細胞と呼ばれたものが報告されたときに最初に抱いた疑問は「胎盤にも分化するというこの細胞を研究したり、医療に応用したりすることには、何らかの生命倫理的な問題──より適切にはELSI（倫理・法律・社会的問題。エルシーと発音）──はないのか?」ということであった。ところが、辞書を片手に原著論文を読み始めていたら、インターネット上で次から次へと研究不正疑惑が指摘され始めた。筆者の関心は必然的にELSIから「研究公正」──世間では「研究倫理」といわれることもあるが、より適切には「研究公正」──へと方向転換していった。

　筆者は2014年4月9日に開かれた小保方氏の記者会見をインターネット経由で傍聴し、その解説記事をニュースサイト『ザ・ページ（THE PAGE）』に寄稿したことをきっかけに、その後開かれた記者会見のほと

んどを現場で取材して記事にまとめ続けた。STAP細胞（といわれたもの）のELSIについても、考察する機会を得ることもできた[*2]。ところが、取材と執筆を重ねていくなかで、「事件としてのSTAP細胞問題」とは、研究倫理、すなわち生命倫理や研究公正という観点からの問題だけではなく、「研究機関運営の倫理」の問題でもあることを見せつけられた。

　本稿では主に、2014年12月に立て続けに終了し、公表された理化学研究所による二つの調査——「STAP現象の検証」と「研究論文に関する調査」——の過程を振り返ることによって、「事件としてのSTAP細胞問題」の輪郭を描いてみる（「検証」と「調査」の終了までのおおまかな経緯は36ページの時系列表を参照していただきたい[*3]）。なお筆者がこれまでに『ザ・ページ』などの媒体で書いてきたことと重複があることをご了承されたい[*4]。

## 「検証実験」の中間報告

　2014年8月27日、理化学研究所は都内で記者会見を開き、「STAP細胞」ならぬ「STAP現象」が本当に存在するかどうかを確かめるために行われている「検証実験」について、中間報告を発表した。

　理研では研究不正疑惑に応じるかたちで同年4月1日から1年間を期限として、「刺激による分化細胞の多能性誘導現象」、つまり「STAP現象」が存在するかどうかを検証し始めていた。この検証計画は、相澤慎一・特別顧問（当時）を「実験統括責任者」として、『ネイチャー』論文の共著書にもなっている丹羽仁史・チームリーダー（当時）を「研究実施責任者」として始められたが、同年7月1日、「本人による検証」が必要ということになり、11月末日を期限として、相澤氏の監督下で小保方氏も検証計画に参加することになった。ただし、丹羽氏らの検証実験とは別に、である。

　この日の説明は丹羽氏らが行った。丹羽氏らは、論文に書かれている実験を22回行ったが、論文に書かれているような結果は得られていない、と説明した。

　彼らは論文と同じように、マウスの脾臓から取り出したリンパ球を、塩

酸で弱酸性にした溶液に浸した。リンパ球は、多能性を獲得すると緑色に光るように遺伝子操作されたマウスのものである。小保方氏らの『ネイチャー』論文では、STAP細胞は塊となって緑色に光ると書かれている。この日の丹羽氏らの説明によれば、22回行われた実験の半数以下で細胞の塊が観察された。それらは緑色に光ったが、同時に赤色にも光った。丹羽氏らはこれらを、死んだ細胞で見られる「自家蛍光」と判断した。ES細胞では、赤く光ることはない。多能性を獲得した細胞で特有に見られるたんぱく質（Oct3/4）が増えていないこともわかった*5。

　生物学の実験では、独特のコツのようなことが必要になり、報告者以外の者が論文通りに実験を行っても、同じ結果をなかなか再現できないことがある。そのため丹羽氏らは、小保方氏に「助言」を求めることになっていた。前述のように、丹羽氏らとは別に小保方氏自身も検証実験を行った。

　しかし、この日に公表された検証実験の結果には、小保方氏の「助言」は反映されていない、と丹羽氏は言った。また、実験総括責任者を務めた相澤慎一・特別顧問によれば、小保方氏自身が行った実験結果はまだ「予備実験」のもので、「公表できる段階ではない」という。その話しぶりや表情は意味深で、半笑いしているようにも筆者には見えた。

　ところで理化学研究所が使った「検証実験」という言葉は、やや奇妙である。その定義も、それを使う理由もはっきりとしない。論文に書かれているものと同じ材料を使い、同じ手順を行えば第三者も同じ結果を得られるかどうかを確かめる実験は通常、「追試」もしくは「再現実験」と呼ばれる。同じ実験で同じ結果が出る可能性のことを「再現性」という。再現性は科学の条件の一つともいわれ、それがなければ、その論文の科学的な価値はない、ということである。

　小保方氏らがSTAP細胞の作成成功を『ネイチャー』で発表した後、世界中の研究者たちがその追試に取り組んだ。しかし成功の報告はなかった。

　疑惑が高まる中、3月5日には小保方氏らは、実験の手順をより詳しく書いた「プロトコル」を発表したのだが、やはり成功の報告はなかった。3月20日には、小保方氏の共同研究者であるハーバード大学のチャールズ・バカンティ教授も別のプロトコルを公表したが、同様の状況が続いた。

表1　第1次調査委員会が調査した項目とその判断（2014年3月31日）

| 調査項目 | 判断 |
| --- | --- |
| 細胞の写真に不自然なゆがみがある | 不正ではない |
| 遺伝子解析の画像に切り貼りの跡が見られる | 改ざん |
| 実験手法の記述が海外の論文と似ている | 不正ではない |
| 書かれている実験手法が実際とは異なる | 不正ではない |
| 博士論文のものと酷似した画像がある | 捏造 |
| 別々の実験結果とされる写真が似ている | 不正ではない |

同委員会の報告書および『朝日新聞』2014年4月2日付などを参考に筆者作成

　その間にも不正の疑惑が次々と浮上したのだが、理研は「検証実験」にこだわり続けた。相澤氏は、検証実験は問題の全貌解明に不可欠である、と説明したのだが、後述するように検証実験では不正の有無はわからないはずである。論文が撤回された段階で、検証実験の意義はないとの意見も多くあった。しかし、小保方氏はいうまでもなく、丹羽氏も論文の著者の一人である。「再現性」を確かめる「追試」であるならば、完全に独立した研究者が行わない限り、その結果は信頼されないだろう。

　そして追試で確認できるのは「再現性の有無」だけである。論文における「不正（捏造・改ざん・盗用）の有無」は、追試（や理研のいう「検証実験」）では確認できない。「再現性の有無」と「不正の有無」は、根本的に異なる。再現性が認められても、不正がなかったことにはならないし、不正が許されるわけではない。

　理化学研究所の調査委員会——後にいう「第1次調査委員会」——は、それまでに指摘された多数の疑惑のうち6点だけを調査し、2014年3月31日、そのうち2点だけを不正と認定した[*6]（表1参照）。しかし、その調査は明らかに不十分で、専門家の多くもマスコミも納得しなかった。

　「不正の有無（やその内容）」をはっきりさせるためには、これまで指摘されてきた多数の疑惑について、当事者への聞き取りを実施したり、残されたノートやサンプルを綿密に分析したりするしかない。

同年6月12日に外部有識者による改革委員会が、不正の再発防止についての提言書[7]をまとめたとき、野依良治・理化学研究所理事長（当時）は、「検証実験」だけでなく論文における不正の調査にも取り組んでいることを確認した[8]。

　7月2日には、日本分子生物学会が「研究不正の実態解明」が「済むまではSTAP細胞再現実験の凍結」することを声明[9]で求めた。

　中間報告と同日にまとめられた、理研の改革のための「アクションプラン[10]」にも不正の調査の必要性が盛り込まれ、その時点で「予備調査」が行われていることが明らかにされた。

　しかしながら、『ネイチャー』論文においてどのような不正があったのか、理研としての認識をはっきりさせないまま、しかも多くの第三者専門家による追試が成功していないことが明らかになっているにもかかわらず、理研自らによる「検証実験」が優先され続けたことは、筆者を含めてこの問題に関心のある者たちに違和感・不信感を抱かせた。

　理研は、翌年である2015年3月末まで「検証実験」を続けることにしていた。小保方氏は2014年11月末まで参加する予定だった。記者会見では、その過程で一定の結論が出されるだろう、と述べられた。

　その結果——。

## 小保方氏も丹羽氏も再現できず

　2014年12月19日、理化学研究所は「STAP現象」の「検証実験」の最終的な結果について、記者会見を都内で開いた。会見の前日には、小保方氏がSTAP細胞の作製を再現できないことがわかった、という"リーク情報"が報道機関から流れた。

　会見や配布資料によると、小保方氏は、2種類の系統のマウスに由来する脾臓から取り出したリンパ球を、論文に書かれている塩酸と論文には書かれていないアデノ3リン酸（ATP）で弱酸性にした溶液に浸した。合計40回以上の実験が繰り返されたが、「STAP現象」を裏づける「多能性細胞特異的分子マーカー（Oct3/4）」を、細胞が死ぬときに見られる「自家蛍

第1章　事件としてのSTAP細胞問題　　17

「STAP現象の検証結果」の記者会見（2014年12月19日、筆者撮影）

光」と区別するかたちで確認することはできなかった。また、細胞の多能性を確認するためには、その細胞を胚に移植することによって、「キメラ胚」ができることを確認しなければならないのだが、小保方氏は胚への細胞移植を1615回も試みたにもかかわらず、一つのキメラ胚をつくることもできなかった。また論文では、多能性が獲得された証拠として、マウスに移植したところ「テラトーマ」と呼ばれる腫瘍の一種が生じたことが確認されたと書かれているが、この検証実験では、テラトーマ形成実験を行うことができるほど十分な数の細胞が得られなかったという。

一方、丹羽氏は、やはり二種類の系統のマウスの臓器を使ったのだが、脾臓だけでなく、肝臓と心臓の細胞でも実験を行った。酸処理には、やはり塩酸だけでなくアデノシン3リン酸も用いた。合計50回近くの実験が行われたが、やはり細胞が緑色に光ったことを、細胞が死ぬときに見られる自家蛍光と区別することはできず、したがって多能性や未分化性を確認することはできなかった。また、肝臓に由来し、酸処理を施した細胞を244個の胚に移植してみたところ、キメラ胚はやはり一個もできなかった。また論文では、増殖する能力を持たないSTAP細胞から、増殖する能力を持つ「STAP幹細胞」をつくることもできたとされているが、丹羽氏が論文に書かれた方法で培養してみても、増殖能力のある細胞をつくることはできなかった。

すなわち小保方氏も丹羽氏も、論文に書かれた方法でも書かれていない方法でも「検証実験」を行ったのだが、論文に書かれたような結果を再現することはできなかったということである（そもそも方法を変えているのだから、その結果を「再現」と呼んでよいのかどうかは微妙だが）。理研は検証の

実施を2015年3月まで予定していたのだが、このような結果を踏まえ、計画を終了することを明らかにした[*11]。
　会見には、小保方氏も野依良治・理研理事長（当時）も姿を見せなかったが、野依氏は、

〔略〕STAP現象は科学界を超えて、社会的問題にもなったことから、理研は、一般社会、国民の関心に応える道でもあると考え、研究不正再発防止改革推進本部の下で検証を実施してきました。〔略〕その結果、今回の検証においてSTAP現象の確認には至らなかったことから、これをもって検証計画を終了することを、ここに報告するものです。

とのコメントを書面で寄せた。
　以上はほぼ予想通りだったのだが、会見中、小保方氏が理研を退職する意向を固めたとのコメント文書が配布され、紹介された。

　どのような状況下であっても必ず十分な結果をと思い必死に過ごした3か月でした。予想をはるかに超えた制約の中での作業となり、細かな条件を検討できなかった事などが悔やまれますが、与えられた環境の中では魂の限界まで取り組み、今はただ疲れ切り、このような結果に留まってしまったことに大変困惑しております。
　私の未熟さゆえに論文発表・撤回に際し、理化学研究所を始め多くの皆様にご迷惑をおかけしてしまったことの責任を痛感しておりお詫びの言葉もありません。

このコメントを読む限り、彼女はSTAP細胞の存在、もしくはSTAP現象の再現性をまだ信じているよう思える。
　会見の前日、『産経ニュース』がいわゆるリーク記事のかたちで、「科学者の多くが細胞の存在を疑問視する中、実験で自ら汚名返上を目指したが、疑惑を晴らすことはできなかった[*12]」と書いたが、厳密にいえば、この記述は間違っている。

気をつけなければいけないのは、前述の通り理研のいう「検証実験」で確認できるのは「再現性の有無」だけで、「不正の有無」はわからないということである。不正がまったくない研究でも、第三者による実験で再現性が得られないケースはそれほど珍しくない。その場合、研究者本人は学問的な批判は受けるが、社会的制裁の対象にはならない。
　しかし、不正は懲戒免職などの対象になりうるものである。この「検証実験」の結果では、再現性が「無」いと確認されただけで、不正があったのかなかったのか、あったとしたらどのようなものなのか、といったことは何一つ明らかになっていない。「不正の有無」を調べるためには前述の通り、本人や関係者からの聞き取り、残された資料・試料の検証などを徹底的に行うしかない。「検証実験」や「追試」、「再現実験」と呼ばれる類いの実験で、研究不正の疑惑を晴らすことはできない。
　なおこの検証実験では、予定の1300万円を超える1500万円の予算が使われたことが会見で明らかにされた。
　そしてその一週間後――。

## STAP細胞はES細胞である可能性

　2014年12月26日、理化学研究所は都内で記者会見を開き、同研究所が設置したSTAP細胞論文の調査委員会――後にいう「第２次調査委員会」

第2次調査委員会の記者会見（2014年12月26日、筆者撮影）

――が、STAP細胞とされたものはES細胞が混入したものである可能性が高く、論文のほとんどに根拠がないことを明らかにしたと発表した。また、図表の一部は「捏造」または「改ざん」、つまり不正であると認定された。その上で、小保方氏を指導する立場にあ

20　第1部　STAP細胞事件とは何だったか

る研究者がこうした問題を感知できたはずだが、その検討をしなかったと厳しく批判した。

　理研は疑惑が発覚した当初にも、前述の通り、内部で調査委員会──後にいう「第1次調査委員会」──を設置し、小保方氏らの論文における疑義のうち6点のみについて調査していた。同年3月31日、同委員会はそのうち2点を不正と認定した（前述表1参照）。

　しかし、それ以前からこの論文にはこの6点以外にも多くの問題が指摘されていた。また、6月以降には、『ネイチャー』論文の共著者である若山照彦・山梨大学教授や理研研究員の遠藤高帆氏らの遺伝子解析結果[13]により、STAP細胞とされているものはES細胞ではないかという指摘も浮上していた。

　理研はそうした疑惑に応じるかたちで、第1次調査委員会の報告から6か月も経った同年9月3日、外部の専門家からなる調査委員会──後にいう第2次調査委員会──を新たに設置し、12月26日、その結果が全33ページの報告書として公表されたのである（報告書の日付は前日）。委員長は桂勲・国立遺伝学研究所所長。そのほか4人の科学者と2人の弁護士が名を連ねている。

　調査委員会は、STAP細胞とされたもの（正確にはSTAP幹細胞とF1幹細胞とされたもの）の全ゲノム（遺伝情報すべて）解析を行った結果、それら全部が既存のES細胞に由来するものであると判断した。

　この調査では、3種類のSTAP幹細胞と2種類のF1幹細胞、それらと比較するかたちで、若山氏や若山氏の研究室のメンバーが作製したES細胞3種類、小保方氏の研究室に保管されていた由来不明の細胞に、全ゲノム解析が実施された。

　解析の結果、「FLS3」というSTAP幹細胞と「CTS1」というF1幹細胞は、若山研のメンバーが作製した「FES1」というES細胞と、さらには「129/GFPES」という小保方研に保管されていた由来不明の細胞とも、ゲノム情報が共通することなどがわかった[14]（表2参照）。

　しかし、そのES細胞の混入が「故意」なのかそれとも「過失」なのか、また、誰が行ったのかは決定できない、とした。小保方氏を含む関係者は

表2　理研による全ゲノム解析結果

| 肝細胞株名 | 肝細胞のタイプ | 作製者記載挿入GFP | NGSで確認された挿入GPF | 性別 | 樹立日 |
|---|---|---|---|---|---|
| FLS3 | STAP幹細胞 | CAG-GFP | Acr-GFP/CAG-GFP | ♂ | 2012年1/31〜2/2 |
| CTS1 | FI幹細胞 | CAG-GFP | Acr-GFP/CAG-GFP | ♂ | 2012年5/25 |
| GLS1 | STAP幹細胞 | Oct4-GFP | Oct4-GFP | ♀ | 2012年1/31 |
| （不明） | FI幹細胞 | Oct4-GFP（論文記載） | 残存ストック無し（作製された記録不明） | | |
| AC129-1 | STAP幹細胞 | CAG-GFP | CAG-GFP | ♂ | 2012年9/4 |
| 129B6 F1 | 受精卵ES細胞 若山氏作製 | CAG-GFP | CAG-GFP | ♂ | 2012年5/25 |
| GOF-ES | ES細胞株 若山研メンバー作製 | Oct4-GFP | Oct4-GFP | ♀ | 2011年5月〜10月 |
| FES1 | 受精卵ES細胞 若山研メンバー作製 | Acr-GFP/CAG-GFP | Acr-GFP/CAG-GFP | ♂ | 2005年12/7 |
| 129/GFPES | 小保方研ストック 由来不明細胞株 | ― | Acr-GFP/CAG-GFP | ♂ | 不明 |

出典：研究論文に関する調査委員会「調査結果報告」、2014年12月26日（配布資料）

ES細胞の混入について、全員が否定したという。

　客観的状況に照らし混入の機会があったと見られる全ての関係者を洗い出し聞き取り調査を行ったが、小保方氏を含め、いずれの関係者も故意又は過失による混入を全面的に否定しており、残存試料・実験記録・関係者間のメール送受信記録・その他の客観的資料の分析検討によっても混入行為者の特定につながる証拠は得られず、ES細胞混入の目撃者も存在せず、混入の行為者を同定するに足りる証拠がないことから、委員会は、誰が混入したかは特定できないと判断した[*15]。

　行為における故意又は過失の認定は、当該行為がなされた客観的状況と当該行為者にかかる主観的要素を総合的に判断しなされるべきものであるが、ES細胞混入の行為者が特定できない状況なので、混入行為が故意によるものか過失によるものかにつき決定的な判断をすることは困難であり、調査により得られた証拠に基づき認定する限り、不正と断定するに足りる

証拠はないと考えられる*16。

　報告書は結論を出せなかったことについて「本調査委員会の能力と権限の限界*17」だとも述べている。

## 新たに不正2点を認定

　また、同委員会は不正を指摘されていた図表18点を精査したところ、新たに図の2点を「捏造」、つまり不正であると認定した。
　一点は、細胞の増殖率を比較したグラフ*18で、ES細胞とSTAP幹細胞の細胞測定のタイミングが不自然なことが指摘されていた。同委員会が小保方氏に聞き取り調査をしたところ、若山氏から、山中伸弥・京都大学教授がiPS細胞の作成を報告した論文にあるもののようなグラフがほしい、と言われて作成した、と「繰り返し説明」し、「この点については聞き取り調査で若山氏も認めていた」という。また同委員会は小保方氏の出勤記録の調査などを行ったうえで、

　　この実験は行われた記録がなく、同氏の勤務の記録と照合して、Article Flg. 5cのように約3日ごとに測定が行われたとは認められない。〔略〕〔同氏は〕計測を怠ったものと〔委員会は〕判断した。特に、小保方氏は植え継ぎ時に細胞数を正確に計測せずに、Article Flg. 5cを作成していたことを自認しているが、そうだとすると、この図は、細胞増殖率を測定したものとしては全く意味をなさない。同氏が細胞数の計測という最も基本的な操作をしていないこと、また希釈率についても1/5と説明したり、1/8から1/16と説明したりしていること、オリジナルデータによる確認もできないことから、小保方氏の捏造と認定せざるを得ない*19〔傍点引用者〕。

との判断を下した。
　もう一点は、遺伝子の働き方が変わる「メチル化」と呼ばれる現象を示す図*20で、それを示す黒丸や白丸の配置に乱れがあることなどが指摘さ

れていた。同委員会が小保方氏に聞き取り調査などを行ったところ、「データの真贋性を裏付ける実験データやノート記録を確認すること」はできず、「意図的なデータの取り扱い[*21]」があったと判断した。

　小保方氏の聞き取り調査から、メチル化のデータを取りまとめる際に、仮説を支持するデータとするために意図的なDNA配列の選択や大腸菌クローンの操作を行ったことが確認された。この点について、小保方氏から誇れるデータではなく、責任を感じているとの説明を受けた[*22]。〔傍点引用者〕

この点について同委員会は「このようなことが行われた背景には、共同研究者によるデータによる過剰な期待があったことが推察された[*23]」と指摘する。

　若山氏はデータの意図的な選別・提示に直接的に関与したとまでは認められないが、小保方氏が若山氏の過剰な期待に応えようとして改ざんを行った面も否定できない[*24]。

問題が発覚して以来、若山氏は積極的に論文撤回を申し出るなどしたことから、彼に対しては同情の声が比較的多く上がってきたが、だからといって彼がこの問題について決して免責されうるものではないということが、この記述からは示唆される。

## オリジナルデータが提出されないので不正ではない!?

　理研は以上のような調査結果を受けて、すでに退職願いを出した小保方氏の身分について懲戒委員会の審査を再開するとともに、研究不正の再発防止に取り組む「アクションプラン」を実施することを、野依良治・理事長名で発表した。

しかしながら、この調査結果には疑問がないわけではない。たとえば、調査対象には、責任著者であるチャールズ・バカンティ氏の名前がない。調査委員会の会見に続く理研理事らの会見では、有信睦弘氏は次のように説明した。

「ハーバード大学と情報交換をしており、同大でも調査が始まったと聞いています。しかし今回の調査対象にはなっていません。これまでの調査結果はすべてハーバード大学に伝えてあります」

また報告書には、不正とは認定されなかった図表16点についても、以下のような記述が散見される。

> 小保方氏に対し繰り返しオリジナルデータの提出を求めたが、提出されなかった。またCDBおよびCDB若山研の蛍光顕微鏡付属コンピューターのハードディスクの中にもオリジナルデータと考えられるものを見つけ出すことはできなかった[*25]。

> 小保方氏にオリジナルデータの提出を求めたが、提出されなかった[*26]。

> 小保方氏からオリジナルデータが提出されなかったため、不一致の認定を行うことはできず、研究不正とは認められない[*27]。

> 小保方氏からオリジナルデータが提出されなかったため、不適切な操作が行われたかどうかの確認はできず、研究不正とは認められない[*28]。

> パソコンに入っていると思われるオリジナルデータの提出を小保方氏に求めたが、提出されなかった[*29]。

……ほかにもあるが、これぐらいにしておこう。

怪しいと疑われた図表について、そのもとになった「オリジナルデータ」を示して反論できないのであれば、それは捏造または改ざん、つまり不正とみなされるべきではなかろうか？　これで不正とみなされないなら、

捏造や改ざんを疑われてオリジナルデータを出せといわれても、何からの理由をつくってデータを出さなければ不正とはみなされない、ということになってしまう。

実際、報告書も「ここで認定された研究不正は、まさに「氷山の一角」に過ぎない[*30]」と認めている。同時に「STAP論文の研究の中心的な部分が行われた時に小保方氏が所属した研究室の長であった若山氏と、最終的にSTAP論文をまとめるのに主たる役割を果たした〔故〕笹井〔芳樹〕氏の責任は特に大きいと考える[*31]」と、理研の研究体制そのものについても厳しく批判している。

筆者が最も強く疑問に思ったことは、今回の「研究論文に関する調査」よりも、12月19日に最終的な報告がなされた「STAP現象の検証」のほうが優先されてきたように見えることである。実際、後者のほうが先に報告された。前者は「不正の有無」を調べるための調査であり、後者は「再現性の有無」を調べるための実験である。前者で不正があることとその内実が確認されれば、理研自身による検証実験≒再現実験など必要なかったはずである。

理研理事の会見で筆者がその件を質問したところ、研究担当理事の川合眞紀氏は「4月の段階では予測できなかった」などと答えたが、明瞭とはいえない説明であった（なお川合氏は管理責任をとって辞任することなく2015年3月31日に任期を満了した）。

前述の通り、「STAP現象の検証」計画には約1500万円の予算が使われた。

STAP細胞が最初に報告された後、世界中の10あまりの研究室が再現実験を行ったところ誰も再現できなかったことを、カリフォルニア大学の幹細胞研究者ポール・ノフラー氏がブログでまとめたこともよく知られている[*32]。実際にはもっと多くの研究室が追試を行ったと見られる。再現性の確認についてはそうした情報を集めるだけで十分だったはずだろう。

理研も早稲田大学も文部科学省も、研究不正の再発防止に取り組むとしているが、どんなに努力したところで、減らすことはできてもゼロにはできない。再発防止だけでなく、同じかそれ以上に、組織としての事後対応

体制が重要である。理研はその悪い例となったといわざるを得ない。

## 小保方氏には「論文投稿料60万円」を請求するのみ

　2015年2月10日には、理化学研究所は文部科学省で記者会見を開き、STAP細胞の論文をめぐってすでに不正を認定されている小保方氏を「懲戒解雇相当」に当たる、と説明した。その上で、小保方氏に対する刑事告訴（窃盗や偽計業務妨害など）と1500万円にのぼる検証実験の経費やこれまでの研究費などの返還請求についても検討中であることを明らかにした。これらについて、理研は今後1〜2か月のうちに結論を出す、とした。

　またほかの共著者や責任者についての処分も発表された。共著者だった若山照彦・山梨大学教授は「出勤停止」相当、理化学研究所発生・再生科学総合研究センターのセンター長だった竹市雅俊特別顧問は「けん責」（一般的には始末書を書かせることなど）、共同著者の丹羽仁史・チームリーダーは「厳重注意」とされた。共著者である笹井芳樹副センター長についても、責任があるとされたが、故人であるため明らかにされなかった。野依理事長をはじめとする理事の責任には触れられなかった。

　そして2015年3月20日午後、再び文部科学省で理化学研究所の記者会見が行われた。前半は、理研が2014年8月に策定した「アクションプラン」の取組状況を評価する外部有識者からなる「運営・改革モニタリング委員会」の「評価書[*33]」の発表で、後半は、理研の理事たちによるSTAP細胞問題に関する刑事告訴や研究費返還についての発表だった。

　前半では、運営・改革委員会の野間口有委員長（三菱電機元会長）らが、理研を視察したときの印象として、Eラーニングによる研究倫理教育の受講者が増えていることなどを挙げて、「なんとしても理研を信頼してもらえる研究所にしたい、という思いを感じた。真摯に取り組んでいる」と肯定的な感想を述べた。

　その一方で、同委員会の評価書は今回の問題の原因を「研究現場において著者たちの科学的批判精神に基づく、十分な実験結果の相互検証」が欠如し、「科学的主張の検討[*34]」が不足していた、と批判した。

第1章　事件としてのSTAP細胞問題

後半では、理研は小保方氏に対する刑事告訴を行なわないこと、また研究費の返還請求として論文の投稿にかかった費用のみを請求することを正式に発表した。理研は刑事告訴を行うためには「行為者の特定」と「故意の立証」が必要と考え、不正を認定した「第2次調査委員会」の桂勲委員長や法律の専門家3人と協議した。その結果、行為者を特定する証拠や故意を立証する証拠を確認することはできなかったという。理研は「複数回にわたってES細胞の混入があったことは、研究者の常識として、誰かが故意に混入した疑いを拭うことはできない」としながらも、「実験を取り巻く客観的状況は過失による可能性」もあるとし、刑事告訴を行うことは困難という判断を下した。会場の記者からは「氏名不詳でも告訴できるのでは？」という質問もあったが、理事らは「国税の無駄」と退けた。
　また研究費の返還請求として、理研が小保方氏に対して「運営費交付金から支払われた論文投稿料」のみを請求することも明らかにされた。
　その「論文投稿料」は具体的には約60万円だという。学術雑誌に論文を掲載してもらうためには「投稿料」や「掲載料」といわれる一定の金額を、著者たちが支払うことになっている。理事らによれば、「『ネイチャー』に論文2本を掲載するために払った金額が60万円」だったということだ。
　しかし、研究にかかる費用は投稿料だけではなく、小保方氏の給料、研究室の設置や維持、動物実験などにも多額の費用がかかるはずである。にもかかわらず、理事らはその額を「算出していません」と述べた。STAP細胞の研究には、当時理研にいた若山照彦氏の研究室の予算も使われ、理研は実際にその伝票も「精査しました」というが、そのうちいくらが小保方氏の研究に使われたのかを確定するのは困難だったという。
　また理事らは「研究費が不正に使われたとは判断していません」とし、不正が確認されたのは、あくまでも論文の執筆にかかわる過程のみであることを強調した。
　おそらくは数千万円にもおよぶ給料や研究費のうち、小保方氏が返還を請求されるのはわずか60万円に過ぎない。今後また研究不正があっても、当事者は投稿料のみ返還すれば済む、という悪しき前例になってしまう危険性もある。

しかし、小保方氏個人に給料や研究費の全額を返還させれば、すべての問題が解決するわけでもないだろう。この研究不正が起きた背景には、悪い意味での成果主義があったこと、運営・改革モニタリング委員会が今回述べたように「科学的批判精神」にもとづく厳格なチェックが不足するような環境があったことなどがあり、小保方氏個人の問題に還元できるものではないからだ。

また、ネット上では10点以上の不正が疑われていたにもかかわらず、「第1次調査委員会」では調査項目をわずか6点に絞ってしまったこと（前述表1を参照）、「研究論文の調査（不正の調査）」よりも「STAP現象の検証（再現実験）」を優先してしまったことなど、疑惑が発覚してからの理研の事後対応がよくなかったことも、多くの専門家が批判する通りである。

そしてその理研の長は――。

## 野依理事長の辞任（？）会見

「私は自主的に給料を返納したりもしました。それ以上、責任を取るつもりはありません」

2015年3月23日、埼玉県和光市にある理化学研究所で、野依良治理事長の記者会見が開かれた。STAP細胞をめぐる研究不正問題を起こしたこと、その後の事後対応で混乱を招いたことについて責任を問う記者たちの質問に対して、野依氏は強い調子でそう繰り返した。

野依氏といえば、2001年に「キラル触媒による不斉反応」の研究が認められ、ノーベル賞を受賞したことで有名だが、そのほかにも日本学士院賞など数多くの受賞歴もある化学者である。名古屋大学物質科学国際センター長など役職も数多く経験しており、2006年からは政府の教育再生会議で座長を務めている。名実ともに、日本を代表する科学者といっていい人物だろう。

そして2003年10月からは日本を代表する研究機

野依良治理事長（当時）の記者会見（2015年3月23日、筆者撮影）

第1章　事件としてのSTAP細胞問題　29

関である理研の理事長を務めてきた。任期は2018年3月末まであるはずであった。

　理研は2014年8月27日、野依氏がリーダーシップをとって、不正問題の再発防止のための「アクションプラン」を策定した。野依氏が理事長としてSTAP細胞問題に関して会見の場に出てきたのはその開始を紹介したとき以来で、これまでは文書によるコメントを出すのみであった。

　前述の通り2015年3月20日、外部有識者からなる「運営・改革モニタリング委員会」がアクションプランに対する「評価書」をまとめ、改革は進んでいると一定の評価はしながらも、研究不正が起きた背景には「科学的批判精神に基づく、十分な実験結果の相互検証」が欠けていたことなどを批判した。野依氏もそれを認め、会見の冒頭でこう話した。

　「心からおわび申し上げる次第であります。一方で、委員会からは取り組みが機能し始めているという評価もいただき、さらに建設的な提言もいただきました。これらを真摯に受け止め、職員とともに取り組んでいきたいと考えています」

　このときの会見は、下村博文文部科学大臣が理研を視察し、野依理事長が「評価書」について大臣に説明したことを受けてのものであると説明された。

　会見では、理研が新年度から「国立研究開発法人理化学研究所」へと名称を変更するのにともなって、野依氏が2015年3月末で理事長を辞任する意向を固めている、と報道されていることについて質問が相次いだ。しかし野依氏は「いまの時点では申し上げることができないので、お許しいただきたい」と述べ、辞任するとも辞任しないとも明言を避けた。

　辞任するのであれば、やはりそれはSTAP細胞問題がその理由なのかどうかを知りたいところだったが、前述の通り、自分は給料の一部返納以上の責任をとるつもりはないことを繰り返すのみであった。誰がES細胞を混入したかわからず、それが故意か過失かもわからないままであること、刑事告訴をしないことについても「専門家がそう判断するのですから」と強調するのみであった。

　このときの会見では、野依氏らは、自分たちは2014年3月9日の段階で

小保方氏らの論文には彼女の博士論文からの写真の流用があるという疑惑を知って、単なる図版の取り違えなどではないことを認識した、と説明した。しかしこの説明は、同月14日に「中間報告」がまとめられたとき、理研が「完全に捏造といえるものはない」などと説明していたこととズレている、と会場の記者たちから指摘された。

「混乱しているときにどこまで確証を持っていたかわかりませんけど、(竹市雅俊)センター長からそのように聞いていたので、そのときにはそう言いました。私は調査委員会の言う通りのことを信じるしかありませんでした」

また、第1次調査委員会が調査項目をわずか6項目に絞ってしまったことについて、坪井裕理事は「石井委員長が判断しました」と答え、野依氏は「調査委員会が決めたことですので、もっとたくさんの項目を調査しろ、と私の判断でいうことはできません」と述べた。調査委員会の判断に頼るしかなかった、というのが彼らの言い分である。

研究不正を引き起こしたことの最大の責任者は誰かと問われると、「小保方さんの責任はもちろん重大ですが、チームとしての問題だと思います。立案したのはハーバード。その研究を手伝った若山(照彦)さんが虚構を拡大し、それを笹井(芳樹)さんが——腕の立つライターですから——完成させて社会に出した。役割分担があったのですが、チーム内で何らかの議論があれば防げたと思います」と答えた。若山氏が「虚構を拡大」した、ということについては「若山先生という達人がマウスをつくり、笹井さんがそれを信じ、みんながそれを信じた。若山さんが悪いといっているのではなく、若山さんが手伝ったことでこの論文ができた、ということです」と補足した。

興味深かったのは、著書『捏造の科学者』(文藝春秋)が話題になっていた須田桃子・毎日新聞記者とのやりとりだった。以下、その大意を紹介する。

——論文の著者たちは説明責任を十分に果たしたと思いますか？
「(沈黙)コメントはしていないと思います(沈黙)できない人もいらっし

やいますし」
——十分ではなかった、と？
「私は非難する立場にはありません」
——小保方さんが退職したからでしょうか？
「転出された方もいます」
——小保方さんを懲戒処分せずに退職させたことについての責任は？
「強権をもって止めることはできなかったと思います」
——小保方さんが退職するさい、はなむけの言葉のようなことを述べたのは？
「私は研究不正があった場合、その人が研究の世界を離れれば、その人格、人柄について、それ以上罰せられるべきではないと考えています。とくにはなむけの言葉ではなかったのですが、私の一般的な考えです」
——野依理事長が給料の一部を自主返納したのは、（第2次調査委員会の）調査結果が出る前でのことでした。出た後での責任についてのお考えは？
「大きな意味で解明できたと思っています。理事たちには献身的に務めていただいたと思っています」
——それ以上の責任はないと？
「そうです」
——事後対応について、ご自身では何点だと思いますか？
「点数はつけられませんけど、アクションプランで改められたことを見て評価していただきたいと思います。ほんとうの評価はこれから3年、5年、10年経ってからだと思います」
——うかがいたいのは、STAP細胞問題の事後対応について、です。
「いたらない点はあったと反省しているわけです。あなたは何点だと思いますか？　20点？」
——「……5点ぐらいです」（会場中に笑い）

　総じていえば、野依理事長が組織のトップとしての責任を認めることはほとんどなかった。また、研究不正問題で組織の長が引責辞任したことはない、とも発言している。

しかし、批判が集まっているのは、研究不正を起こしたことというよりもむしろ、第1次調査で調査項目を限定したこと、論文における不正の調査より「検証実験」を優先したことなど、事後対応の不適切さであるはずだ。

辞任するならば、とくに事後対応について、組織のトップとしての責任を認めてからにすべきではなかったか？　責任を十分に認めないで途中で辞めてしまうのは、それこそ無責任であろう。若手研究者がいたらないことをするのは、ベテラン研究者がいたらないからだ、と評価されても仕方ない。

そしてこのときには野依氏は辞任するともしないとも明言しなかったにもかかわらず、翌24日、理研のウェブサイトは野依氏の名前で「理事長人事についての談話」という文書を公表し、野依氏が理事長職を同月末日で辞任することを公式に発表した。だとしたら、ふつうに考えて記者会見での野依氏の態度は誠実だったとはいえない。また、辞任の理由はまったく書かれていないが、「在任期間が長く高齢」になったことが理由だと報じられたこともある。

ところが同年5月20日、野依氏は国立研究開発法人科学技術振興機構（JST）の研究開発戦略センターのセンター長に就任することが明らかにされた（その前に、東レの社外取締役にもなることも報じられていた）。理研を辞任したことの理由が「高齢」だというのは、本気とは考えにくい。

## 「研究機関運営の倫理」の欠落

以上のように、取材と執筆を重ねていくなかでわかったのは、「事件としてのSTAP細胞問題」とは、いわゆる研究倫理、すなわち「生命倫理」や「研究公正」という観点からの問題だけではなく、「研究機関運営の倫理[*35]」の問題でもあるということだった。

現在はっきりしていることだけでも、小保方氏にかなり大きな責任があることは間違いない。しかしながら、理研幹部にはそもそも実力、いや科学者としての姿勢に疑問のある小保方氏を採用したことなどについて、共

著者たちには小保方氏の用意したデータを鵜呑みにして確認を怠ったことについて、大きな責任があるはずである。また理研幹部は、問題が発覚してからの事後対応が適切でなく、科学への信頼を傷つけたことの責任も問われるべきある。

　誰がES細胞を混入したのか？　それは故意だったのか過失だったのか？　そのような基本的な事実関係さえ明らかにされず、日本を代表する研究所で起きた不正問題は、多くの国民が納得しないまま幕を閉じた。

　日本の科学界は将来、STAP細胞事件における対応の不徹底さ、すなわち日本を代表する研究所において「研究機関運営の倫理」が欠落していたことのツケを払うことになるかもしれない。

注

[*1] Haruko Obokata, et al., "Stimulus-triggered fate conversion of somatic cells into pluripotency", Nature 505（7485）, pp.641-647, doi:10.1038/nature12968；Haruko Obokata, et al., "Bidirectional developmental potential in reprogrammed cells with acquired pluripotency", Nature 505（7485）, pp.676-680, doi:10.1038/nature12969.（前者は「アーティクル論文」、後者は「レター論文」と呼ばれる。）

[*2] 粥川準二「STAP細胞事件が忘却させたこと」、『現代思想』第42巻9号（8月号）、2014年、84-99頁。

[*3] また、「STAP現象の検証」と「研究論文に関する調査」の終了前までの経緯は、須田桃子『捏造の科学者』（文藝春秋、2014年）がよくまとまっている。

[*4] 『ザ・ページ』に寄稿した論評のほか、批評系ウェブメディア『シノドス（SYNODOS）』に寄稿した拙稿「細胞問題とは何だったのか？」（2015年4月21日配信）とも重複があるが、併読していただければ幸いである。URL: http://synodos.jp/science/13786

[*5] 独立行政法人理化学研究所「STAP現象の中間報告」、2014年8月27日（配布資料）。根本毅「万能細胞：STAP論文問題　理研検証実験、STAP細胞できず　論文方法を再現──中間報告」、『毎日新聞』2014年8月28日付なども参考にした。

[*6] 研究の疑義に関する調査委員会「研究論文の疑義に関する調査報告書」、2014年3月31日。

[*7] 研究不正再発防止のための改革委員会「研究不正再発防止のための提言書」、2014年6月12日。

[*8] 野依良治「研究不正再発防止のための改革委員会からの提言を受けて」、2014年6月12日。

[*9] 特定非営利活動法人日本分子生物学会理事長　大隅典子「理事長声明『STAP細胞論文問題等への対応について、声明その3』」2014年7月4日　URL: http://www.mbsj.jp/admins/statement/20140704_seimei.pdf

[*10] 独立行政法人理化学研究所「研究不正再発防止をはじめとする高い規範の再生のためのアクションプラン」、「研究不正再発防止をはじめとする高い規範の再生のためのアクションプラン（概要）」（配布資料）、2014年8月27日。

[*11] 独立行政法人理化学研究所「STAP現象の検証結果」、「STAP現象の検証結果について」（配布資料）、2014年12月19日。

[*12] 「汚名返上目指すも、疑惑晴らせず…小保方氏、STAP再現できず」、『産経ニュース』2014年12月18

日5時12分配信。
* 13 後者は論文化された。Takaho A. Endo, "Quality control method for RNA-seq using single nucleotide polymorphism allele frequency", *Genes to Cells* 19（11）, pp. 821-829, 2014, DOI: 10.1111/gtc.12178
* 14 研究論文に関する調査委員会「研究論文に関する調査報告書」、「調査結果報告」（配布資料）、平成26年12月25日。とくに後者の4頁。
* 15 「研究論文に関する調査報告書」、15頁。
* 16 同前。
* 17 同前、30頁。
* 18 "Stimulus-triggered fate conversion of somatic cells into pluripotency", p.646, Figure 5c.
* 19 「研究論文に関する調査報告書」、18頁。
* 20 "Stimulus-triggered fate conversion of somatic cells into pluripotency", p.643, Figure 2c.
* 21 「研究論文に関する調査報告書」、19頁。
* 22 同前、20頁。
* 23 同前。
* 24 同前。
* 25 同前、22頁。
* 26 同前。
* 27 同前、23頁。
* 28 同前。
* 29 同前。
* 30 同前、30頁。
* 31 同前。
* 32 Paul Knoepfler, "STAP NEW DATA", Knoepfler Lab Stem Cell Blog. URL: http://www.ipscell.com/STAP-new-data/（日付がはっきりとしないのだが、2月10日から3月24日まで彼の元に寄せられた情報がまとめられている。）
* 33 「運営・改革モニタリング委員会評価書」、2015年3月20日。
* 34 同前、21頁。
* 35 「研究不正再発防止のための提言書」は「理研のガバナンス体制が脆弱であるため、研究不正行為を抑止できず、また、STAP問題への正しい対処を困難にしている」（16頁）と評したが、ここでいう「ガバナンス」という言葉は本稿でいう「研究機関運営の倫理」とほぼ同義である。

## 【時系列表】STAP細胞研究不正事件

| 年 | 月日 | 出来事 |
|---|---|---|
| 2014 | 1.29 | 理化学研究所CDB（発生・再生化学総合研究センター）の小保方晴子、STAP細胞作製を記者会見で報告 |
| | 1.30 | 『ネイチャー』、上記報告を論文2本として掲載 |
| | 2.5 | ウェブサイト「Pubpeer」にて匿名投稿者が画像の不正を指摘 |
| | 2.18 | 理研、調査委員会（第1次調査委員会）を設置。疑惑6点を調査開始 |
| | 2.19(?) | カルフォルニア大学のポール・ノフラー、これまでに約10の研究室が追試したが、再現に成功したところはないことをブログでまとめる（3.24にアップデート） |
| | 3.5 | 理研、詳細な実験手技解説（プロトコル）を公表 |
| | 3.14 | 理研の調査委員会、中間報告を発表。2点は不正ではなく、4点は調査継続 |
| | 3.20 | ハーバード大のチャールズ・バカンティ、プロトコルを公表 |
| | 3.31 | 早稲田大学、小保方の博士論文について、調査委員会を設置 |
| | 4.1 | 理研の調査委員会、最終報告を発表。1点を改ざん、1点を捏造と認定<br>理研の相澤慎一、丹羽仁史ら、「STAP現象の検証」を開始 |
| | 4.9 | 小保方、記者会見で不正を否定。「200回以上作製に成功」 |
| | 4.16 | 笹井芳樹、記者会見で論文撤回に同意。STAP現象は「有力な仮説」 |
| | 6.12 | 理研の改革委員会、理研CDBの解体などを提言 |
| | 6.16 | 若山照彦、記者会見で遺伝子解析の結果を公表。存在を否定 |
| | 7.1 | 小保方、11月30日までの期限で、検証実験に監視下で参加 |
| | 7.2 | 『ネイチャー』、STAP細胞論文2本（およびプロトコル）を撤回<br>日本分子生物学会、「STAP細胞再現実験の凍結」を声明で要求 |
| | 7.17 | 早稲田大学の調査委員会、小保方の博士論文について報告。「博士号取り消しに該当しない」 |
| | 8.5 | 笹井の自殺が発覚 |
| | 8.27 | 理研、「STAP現象の検証」を中間報告。STAP細胞再現できず<br>理研理事長の野依良治、理研改革のためのアクション・プランを発表 |
| | 9.3 | 理研、外部委員からなる調査委員会（第2次調査委員会）を設置、調査開始 |
| | 10.1 | 理研の遠藤高帆、記者会見で、独自のデータ解析により、STAP幹細胞とされたものは2種類の細胞（ES細胞とTS細胞）がまざったものである可能性を指摘（論文は9月23日に公表） |
| | 10.7 | 早稲田大学、小保方の博士論文を1年の猶予付きで取り消しと発表（1年後に取り消し確定） |
| | 12.19 | 理研、「STAP現象の検証結果」を報告。丹羽らも小保方もSTAP細胞再現できず<br>小保方、理研に退職願を提出。野依、受理 |
| | 12.26 | 理研の外部調査委員会、遺伝子解析結果を含む報告書を公表。STAP幹細胞はES細胞の疑い。新たに不正2点を認定 |

出典：各種資料より筆者作成。敬称略

column

## 小保方氏の手記『あの日』で書かれなかったこと

　2016年1月28日、小保方晴子氏の手記『あの日』（講談社）が出版された。真っ白の装丁で『あの日』という題名はグレー、「小保方晴子」という著者名は黒。副題はないが、帯に「真実を歪めたのは誰だ？」とある。いうまでもないが、「真実」と「事実」は異なることである。この本に書かれているのは、あくまでも小保方氏から見た「真実」だということだ。

　手記は、自分の責任で世間を騒がしてしまったことへのおわびと、お世話になった人々への感謝が書かれている「はじめに」から始まる。そして自分が研究者を夢見て実際に研究者になったこと、後のSTAP細胞研究につながる「スフェア細胞」や「アニマル カルス」の研究に取り組んだこと、その過程で若山照彦・現山梨大学教授や、騒動の過程で自殺してしまった笹井芳樹・理研グループリーダーといったビッグネームと共同研究するようになったこと、しかしその過程で研究の主導権が小保方氏の希望に反して若山氏にどんどんと移っていったこと、そしてSTAP細胞の作成を『ネイチャー』で報告したこと、などが時系列で綴られている。

　この本に書かれている「騒動の真相」には、筆者には検証不可能なことも数多くある。しかしながら筆者が理解できる範囲でも、大きな疑問が少なくない。

　たとえば小保方氏は、2014年4月9日の会見で、自分はSTAP細胞を200回作った、と発言した。そのことに対して、それはOct4という遺伝子の発現を示す発光現象を見ただけであって、多能性を確認するテラトーマ実験やキメラマウス作成に成功したわけではない、という批判が相次いだ。このことについて小保方氏は「Oct4陽性の細胞塊を作成したところまで」をSTAP細胞ができたことの根拠とした、という当時のコメントを繰り返している（171頁）。ようするに「STAP」の定義が異なるということだ。小保方氏は会見で有名になった「STAP細胞はあります」という言葉を撤回してい

第1章　事件としてのSTAP細胞問題　　37

ない。
　しかし、「STAP細胞」は日本語では「刺激惹起性多能性獲得細胞」というように、その定義には「多能性獲得」が含まれており、いくらOct4が多能性を示すマーカーだとしても、テラトーマやキメラで実際に多能性を確認するまでは「多能性獲得細胞」とはいえないだろう。
　百歩譲って「STAP」の定義を小保方氏のものに限定したとしても、第1章で記した通り、2014年12月19日付で結果がまとめられた、理研による「STAP現象の検証」（いわゆる再現実験）では、Oct4の発現を示す発光現象を、細胞が死ぬときに見られる「自家蛍光」と区別して確認することはできなかったとされた。責任者であり共著者でもある丹羽仁史氏の実験でも、そして小保方氏自身の実験でも、である。また、2015年9月には、世界各国の研究室7か所が同様の再現実験を試みたところ、同じく自家蛍光以外は見られなかったことを確認し、『ネイチャー』の「BREIEF COMMUNICATIONS ARISING」というコーナーで発表している（Nature 525（7570）:E6-9, 2015）。
　以上は「再現性の有無」についてのことだが、「研究不正の有無」はまったく別の話である。
　理化学研究所は2014年3月に2点、同年12月に2点、合計4点の研究不正を認定した。小保方氏は『あの日』で前者2点については言い訳めいたことを書いているが、後者2点については何も述べていない。
　その後者、2014年12月25日にまとめられた「研究論文に関する調査報告」では、これも第1章で記した通り、複数の図表について委員たちが疑問を抱き、小保方氏に図表のもとになった「オリジナルデータ（生データ）」を提出するよう求めたが、小保方氏は提出しなかった、とある。普通に考えると、オリジナルデータを示すことができないならば、その図表はでっちあげられたもの、すなわち「捏造」だと判断せざるを得ない。
　しかし委員会は「不適切な操作が行なわれたかどうかの確認」はできなかったため、「研究不正とは認められない」と判断している。小保方氏は、研究不正とみなされなかったためか、一般読者はほとんど知らないためか、この件には何も触れていない（『ネイチャー』に求められて「生データ」すべてを同誌に提出したという記述はある（150頁）。

また、2014年6月、理研の研究者である遠藤高帆氏や若山氏らの調査結果で、STAP細胞とされたものがES細胞である可能性が高いことがわかってきたことについて、小保方氏は「連携して行なわれた発表でないにもかかわらず、私がES細胞を混入させたというストーリーに収束するように感じた」と書いている(202頁)。
　2014年12月の「研究論文に関する調査報告」でも同様の結果が出たが、ES細胞の混入が意図的なのか非意図的(過失)なのか、意図的だとしたら誰が混入したのか、そしてその理由については、結論に至らなかった(なおこの結果は後に、やはり『ネイチャー』のBRIEF COMMUNICATIONS ARISINGで科学コミュニティに対して公表されている(Nature 525 (7570):E4-5, 2015))。遠藤氏も若山氏も、小保方氏がES細胞を意図的に混入したとは述べていないはずである。
　しかし、小保方氏の認識が正確ではなくても同情の余地はある。この手記によれば、マスコミによる強引な取材や取材依頼、一般人からの嫌がらせなどはきわめて多く、小保方氏はそのストレスのために体調を崩し続け、自殺を考えたこともあったようだ。被害者意識が必要以上に強くなってもおかしくはない。
　しかしSTAP細胞問題は科学の問題である。科学者として発言したいことがあるのならば、一般読者に、しかも有料の書籍で述べるのではなく、たとえば『ネイチャー』のBRIEF COMMUNICATIONS ARISINGに反論を投稿するなどして、科学コミュニティに向けて発言すべきではないか……と、筆者は言いたいところなのだが、小保方氏は当時、心身ともによくない状態が続いていると伝えられていた。ならば、体調の回復と社会復帰を優先すべきだっただろう。それこそ、手記を書くことなどよりも。
　一方で、理研はこの手記の出版について、コメントする立場にはない、と述べた。しかし、小保方氏と若山氏がともに理研に所属していたときの出来事が書かれているのだから、その判断は理解に苦しむ。
　理研がこの事件に対して初動でより適切な態度で対処していれば、事態の収束はもっと早く、真相もいまよりはクリアになっていたかもしれない。この手記は、真相をより混濁させてしまった。小保方氏はその後、『小保方晴子日記』(中央公論新社)なる手記を出版したのだが、その混濁は消えなかった。

第1章　事件としてのSTAP細胞問題　　39

column

## STAP細胞をめぐる「流言」について

　2015年12月12日と2016年3月19日、アメリカの研究者がSTAP現象を報告した、という情報が発せられ（後者はウェブ媒体に記事として掲載された）、それに応じて「STAP細胞はやっぱりあった！」、「小保方さんは正しかったことを海外の研究者が証明した」、「STAP現象を否定したマスコミは反省しろ！」などといった発言がソーシャルメディア上に飛び交った。

　結論からいうと、これらの言説には根拠とされる論文があるのだが、それが小保方氏らの名誉を回復することはない。したがってこれらは「流言」でしかない。

　「小保方晴子氏の研究が正しかった」ことの根拠とされている論文は、米テキサス医科大学のキンガ・ヴォイニッツらがまとめ、2015年11月27日、『ネイチャー』と同じ出版社が発行する『サイエンティフィック・リポーツ』という電子ジャーナルに掲載されたものである。題名は「損傷によって誘導された筋肉由来幹細胞様細胞群の特性評価」(Scientic Reports, 5, 17355, 2015)。

　この論文は題名からわかる通り、マウスの足を「損傷（怪我）」させて筋肉の細胞を刺激し、その後に採取・培養したところ、多能性幹細胞、つまりES細胞やiPS細胞のように、さまざまな細胞になることができる細胞に"似たもの"ができた、という実験結果をまとめている。論文の著者らはこの細胞を「iMuSC細胞（損傷誘導筋肉由来幹細胞様細胞）」と名づけている。彼らの実験を「損傷による刺激」と解釈すれば、「STAP（刺激惹起性多能性獲得）」の定義にあてはまらないこともない。

　しかし、まず実験対象が違う。小保方氏らはさまざまな細胞を使ったようだが、多能性の確認に成功したと述べたのはリンパ球だけである。一方、ヴォイニッツ博士らは筋肉細胞である。方法もまったく異なる。小保方氏らはさまざまな刺激方法を試したようだが、多能性の確認に成功したものとして論文にまとめたのは、酸である。それに対して、ヴォイニッツ博士らが行な

った刺激は、「損傷（裂傷）」である。そして結果も異なることがさらに重要だ。ヴォイニッツ博士らは、このiMuSC細胞が3種類の胚葉（内胚葉、中胚葉、外胚葉）に変わることは確認したが、「キメラ」という多能性の確認方法では「完全な生殖細胞系伝達」は確認できなかったと明記している。つまり生殖細胞にはならなかったということだ。この論文では、分化し終わった筋肉細胞を「損傷」することによって「部分的に（partially）」初期化することができ、「多能性様状態（pluripotent-like state）」にすることができたと主張されているのだが、「部分的に」や「様（-like）」という言葉遣いからわかるように、体細胞の初期化や多能性の獲得に、完全に成功したとは述べていない。小保方氏らが『ネイチャー』論文で成功したと主張したこととは異なる。

また、ヴォイニッツ博士らの論文には、確かに小保方氏らが2011年に『ティッシュ・エンジニアリング パートA』誌で発表した論文への言及がある。STAP細胞を報告した『ネイチャー』論文へとつながるものである。しかし、その部分を翻訳すると、

> 成体組織中に多能性様細胞が存在するということは、何年も議論の争点になってきた。というのは、矛盾する諸結果が複数のグループから報告されてきたからだ。しかしながらこれまでのところ、そのような多能性幹細胞を体細胞組織からつくる（arise from）ことができたという研究は存在しない。

となる。「複数のグループ」に9から15までの文献註が付いていて、13が小保方氏らの論文である。つまり著者らは小保方氏らの2011年の論文を「矛盾する諸結果」の1つとして紹介したうえで、成功したものとは認めず、明確に否定している。撤回された『ネイチャー』論文については言及すらされていない。

なお13以外の文献註には、米国の研究者がつくったという「MACP細胞」や日本の研究者がつくったという「MUSE細胞」などを報告した論文が挙げられている。STAP細胞ばかりが取りざたされがちだが、体細胞から遺伝子導入を行なわずに多能性のある細胞をつくろうとした研究は珍しくはない。

そしていずれもこの論文の著者らが書いている通り、確固とした評価は得られていないことが知られている。安定した評価が得られているのは、遺伝子導入を行なって人工的につくった細胞、iPS細胞（人工多能性幹細胞）だけである。

付け加えると、『サイエンティフィック・リポーツ』は、確かに査読のある学術ジャーナルではあるのだが、査読の基準は「技術的妥当性」のみで、「個別論文の重要性については、出版後、読者の判断にゆだねます」と明言されている電子ジャーナルである。いわば、ごく予備的な実験結果を示して、読者の意見を求めることを目的にして書いたものも掲載される媒体なのだ。読者はその分を割り引いて解釈することが前提になっている。

したがって、このiMuSC細胞もまた、再現実験（追試）など科学と歴史による評価を待つことになる。科学的真理は、一本や二本の論文で確立されるものではない。

小保方氏らの『ネイチャー』論文は撤回されたが、否定されたのは小保方氏らの方法であって、遺伝子に手を加えることなく体細胞を初期化して多能性を持たせる、というアイディア（仮説）ではない。そのような実験が今後成功する可能性は十分にある。ただし、多能性が完全に確認され、さらにその再現性が確認されたとしても、小保方氏らの方法が認められたことにはならないのはもちろん、『ネイチャー』論文における研究不正が取り消されるわけではない。誤解を避けるためにも、そのときには「STAP」という名称は付けないほうがいいだろう。

強調しておきたいのは、「再現性の有無」と「研究不正の有無」はまったく別問題だということだ。最大限譲って、ヴォイオニッツ博士らの実験結果は小保方氏らの主張する「STAP現象」の証明（再現?）に成功したものだとむりやり解釈しても、そのことは、研究不正がなかったということを意味するわけではない。小保方氏が複数の図表を改ざんしたこと、STAP細胞と称されたものが実はES細胞である可能性が高いことは、理研自体も調査結果をもとに認めている。ヴォイニッツらの論文には、このことを覆す要素はない。したがって小保方氏や共同研究者、理研、早稲田大学の名誉回復にはまったくつながらない。

# 第2章 研究不正をどう防止するか
## ——STAP問題から考える

### STAP問題と研究不正の再発防止

　本稿では、STAP問題について、研究不正の再発防止という観点から検討する。ただし、ここで重要なのは、今回の問題の特異性に着目することではない。現代の科学研究において、いわゆる「研究不正行為」はそれほど珍しいものではなくなってきている。2015年以降、毎年、国内だけで10件前後の研究不正事案が報告されている[*1]。また、STAP問題のあった2014年には、東京大学分子細胞生物学研究所（当時。以下、東大分生研）でも深刻な研究不正事案が明らかになったが、それからわずか3年後の2017年、同研究所の別の研究室でも深刻な研究不正問題が報告された。

　東大分生研のいずれの事例においても、研究室主宰者の指導が研究不正を引き起こすようなものであったこと、研究不正行為への関与を認定された若手研究者や学生が「犠牲者としての側面」（東京大学科学研究行動規範委員会 2017：10）をもつことが調査報告書で指摘されている。このような状況において、研究不正問題の解決を、個々の研究者の良識的な対応に委ねるのでは不十分である。研究不正の抑止において、研究機関における適切なガバナンスが大きな役割を担いうる。それが本稿で提示したい観点である。

　ただし、はじめに確認しておきたいのは、コンプライアンスの観点から研究への規制を強化すれば問題が解決するという話ではないことである。不正の発生を防止するために規制を強化するだけでは、研究現場が委縮し、肝心の研究の活力が失われかねない。また、過剰で不適切な規制は、研究現場で規制の軽視を招き、逆に不正の温床を生み出すことにもなりうる。活発な研究活動をそこなうことなく、不正の発生をいかに抑止していくのか。不正の防止において実効性のある取り組みはどのようなものなのか。

どうすれば科学研究の健全な発展を担保できるのか。そのような観点からこの問題をとらえなおすことが重要である。

　筆者は、STAP問題の渦中で、理化学研究所の設置した「研究不正再発防止のための改革委員会」（以下、改革委）の委員として、理化学研究所における研究不正の再発防止策の提言に携わった。2014年6月12日に公表した提言書では、8つの再発防止策を提言した。そのなかでもメディア等でとりわけ大きく取り上げられたのが、舞台となった発生・再生科学総合研究センター（CDB）（当時）の「解体」であった。しかし、改革委の提言はCDB「解体」に尽きるものではなかった。提言の詳細についてはのちほど紹介するが、ともかく改革委の提言をうけ、理研は同年8月、「研究不正再発防止をはじめとする高い規範の再生のためのアクションプラン」をまとめ、研究不正の再発防止にむけた改革に取り組むことになった。そのなかには、CDBの「解体的な出直し」も盛り込まれることになった。

　研究不正の発生をいかに抑止していくかを検討する際、STAP問題は重要な示唆をいくつも与えてくれる。通常、研究不正があってもその詳細は一部しか公にならないことが多い。しかしSTAP問題の場合は、社会的に大きな注目を集めたこともあり、最後まで分からなかった点も少なくないとはいえ、通常の研究不正事案に比べかなり多くの事実が公にされた。その背後にあった問題についても、広く検討された。調査委員会による報告書や、理研CDBの設置した自己点検委員会による報告書、改革委員会提言書、科学的分析の結果を報告した論文、そしてSTAP問題を取り扱った書籍や雑誌記事、メディアでの報道など、多くの調査・検証結果が公にされている。研究不正問題について検討するにあたって格好の事例であるといえよう。

　なお、本稿での検討にあたって最初に確認しておきたいのは、研究不正への取り組みという点で、国内の他の大学や研究機関とくらべて理研が特別に問題があったかといえば、必ずしもそうではないことである。むしろ、STAP問題発生当時、研究不正への取り組みにおいて、理研は国内の大半の大学や研究機関の状況と比較して先駆的な取り組みを展開していた組織であった。だからこそ、STAP問題は、わが国の科学研究にとって無視す

ることができないし、過去のエピソードとして忘れさられてよいものではない。問題は、相対的にみれば取り組みの進んでいた理研「でさえも」今回のような事態を招いてしまった、それはなぜなのか、ということである。

　生命科学分野で日本を代表する理研CDBで、なぜ今回のような問題が起きてしまったのか。深刻な研究不正問題が相次ぐなかで、どのような対応をとっていくことがいま求められているのか。本章では改革委の提言を振り返りながら、以上の点について検討したい。

## 研究不正とは何か？

　STAP問題では、ネイチャー誌に掲載された2論文について、あわせて4件の研究不正行為が認定された（第1章参照）。

　そもそも「研究不正」とはどのようなものなのか。また、研究不正をいかに捉えるべきなのか。それは、研究不正の再発防止策を検討するにあたっても重要なポイントとなる。はじめに、研究不正とはどのようなものかについて整理しておきたい。

　研究不正に関する国のガイドラインでは、研究不正について次のように説明している。

> 「研究活動における不正行為とは、研究者倫理に背馳し、上記1（研究活動─引用者）及び2（研究成果の発表─同）において、その本質ないし本来の趣旨を歪め、科学コミュニティの正常な科学的コミュニケーションを妨げる行為にほかならない。」（文部科学省 2014：4）

　その具体例として挙げられるのが、「得られたデータや結果の捏造、改ざん、及び他者の研究成果等の盗用」（同：4）である。捏造（Fabrication）、改ざん（Falsification）、盗用（Plagiarism）は、もっとも代表的な研究不正行為であり、海外ではその頭文字をとってFFPと略されることもある。

　捏造とは存在しないデータ、研究成果を作成することであり、改ざんと

は、研究を通して取得したデータを都合のいいように加工することである。両者に共通しているのは、期待する実験結果を、あたかも実験を通して実際に得られたかのように偽って提示する点である。まったく実験を実施せずに、ゼロからデータを捏造するケースもあれば、論文のインパクトをあげるために得られたデータを加工し、論文のストーリーに沿う理想的なデータに改ざんしてしまうケースもある。いずれも、研究をとおしてえられた結果を偽っていることには変わりない。また盗用は、他人の研究成果やそのデータを、そのことを明記せずにあたかも自分のものであるかのように利用することである。いわゆる「コピペ」のように、他者の文章をまるまる引き写すこともあれば、研究アイディアの盗用が問題となるケースもある。

　科学研究は、研究者相互の信頼を前提に成り立っている。一人一人の研究者がきちんと研究を行い、誠実にその成果を発表する。そのことを前提に、他者の研究成果を踏まえてさらなる研究を展開していくことで、科学研究は発展していく。もしそこで、報告された研究結果が虚偽のものだったらどうであろうか。それは、科学研究を成立させている基盤を根底から大きく揺るがすものである。また、医学系の分野では、研究結果への信頼を前提に、薬剤が投与されたり、あらたな治療法が患者に適用される。そこで不正があった場合、間違った治療が行われるなど、患者の生命に危険をもたらしかねない。弘前大学で発生した研究不正事案では、不正データが治験の根拠になったり、治療ガイドラインの策定に利用されたことが指摘されている（Kupferschmidt 2018）。研究不正はそれだけ深刻な問題である。

　STAP問題では、捏造と改ざん行為について研究不正が認定された（第1章参照）。

　ただし、以上に示すような研究不正行為とみなされなければ問題がないというわけではないことに注意が必要である。

## 「規定上の研究不正」と「科学としての不正」

　STAP問題では、第2次調査委員会（桂委員会）が調査報告書で、「ここで認定された研究不正は、まさに「氷山の一角」に過ぎない」（研究論文に関する調査委員会 2014：30）と述べている。たとえばES細胞の混入について、「過失というより誰かが故意に混入した疑いを拭えないが、残念ながら、本調査では十分な証拠をもって不正行為があったという結論を出すまでには至らなかった」（同：30）と書かれているように、故意に不正が行われたことが裏付けをもって立証されなかった行為については不正行為とは認定されていない。調査報告書ではさらに、「意図的な捏造との確証を持つには至らなかった」（同：17）、「意図的な不正操作の可能性があるが、他方、機器やソフトに対する知識不足によって引き起こされた間違いや画像ファイルの取り違えの可能性も否定できない」（同：22）といった記述が繰り返し登場している。そのほかにも、「装置に関する知識がほとんどないまま、対照実験や必要な補正等をすることなくデータを取得していた」（同：24）こと、「論文の図表の元になるオリジナルデータ」（同：30）がほとんど存在しないことなどを指摘し、2論文について「非常に問題が多い論文」（同：30）であるという評価を下している。これは裏を返せば、研究上、大いに問題がある行為について、そのすべてが「研究不正行為」と認定されたわけではないのである。

　これはどういうことか。

　いわゆる研究不正行為のうち、調査委員会で認定される「不正行為」は限定的なものである。調査委員会による研究不正の認定は、理化学研究所の「科学研究上の不正行為の防止等に関する規程」（平成24年9月13日規程第61号。以下、研究不正防止規程）[2]における「研究不正」の定義に該当するかどうかが判断の基準となっている。同規程では、STAP問題発生当時、研究不正には「悪意のない間違い及び意見の相違は含まないものとする」旨、明記されていた。研究者として適切な行為を行っているかどうかではなく、「悪意」の存在をどう判断するかが、研究不正の認定を左右することになった。これを「規定上の研究不正」と呼ぶことにしよう[3]。重要

なのは、研究不正と一般的に考えられる行為のなかでも、あくまで規定の文面に合致するか否かが判断基準となっていること、したがって、「研究活動上の不正行為」と認定されたのがいわゆる研究不正行為のうち一部の行為に限定されていることである。

　研究不正を行ったことが認定されると、大学や研究所などの所属機関において、懲戒解雇などの処分の根拠にもなる。研究不正の認定については、あくまで規定にのっとっているか否かが重要な判断基準となる。法治国家では、適切なデュー・プロセス（適正手続き）にのっとった対応であることが重視される。とりわけ当人の進退にかかわる重大な処分等の措置が行われる場合にはなおさらである。適切なデュー・プロセスが担保されなければ、恣意的で不当な処分を招きかねない。したがって、そこでは規定の文面が判断の基準として決定的な役割を担う。

　さて、当初、第1次調査委員会（石井委員会）の調査報告が発表された時点で、研究倫理上問題あると思われる行為が調査委員会では研究不正と認定されなかったことについて、多くの研究者が疑義を唱えていた。その要因の一つに、「規定上の研究不正」と「研究者倫理に背馳」する行為のあいだにずれがあることがある。このずれがどのようなものかについて、先に紹介した文部科学省のガイドラインを参考にしながら説明する。

　文部科学省のガイドラインでは、「規定上の研究不正」に相当する行為に対して、研究不正一般と区別するべく「特定不正行為」という用語をあてている。特定不正行為が認定された研究者は通常、国の研究費の申請や配分を、一定期間（最大10年間）、制限されることになる。国からの研究費は多くの研究者にとって研究を続けていくうえで命綱になるもので、その配分をストップされることは、場合によっては研究者生命を実質的に絶たれることにもなりかねない。また、懲戒解雇等の処分の根拠にもなりうる。そのため、ガイドラインの文面が重要な判断基準となり、多くの研究者の目からみて許しがたい行為だと思われるものであっても、ガイドラインでの規定にそぐわない行為については特定不正行為と認定されないケースが発生する。

　現行ガイドラインでは、特定不正行為について「故意または研究者とし

てわきまえるべき基本的な注意義務を著しく怠ったことによる、投稿論文など発表された研究成果の中に示されたデータや調査結果等の捏造、改ざん及び盗用」(文部科学省 2014：10) と規定している。ここで注目したいのが、「投稿論文など発表された研究成果の中に示された」という文言である。

文部科学省では、このガイドラインについてQ&Aを公表しているが、そこでは次のように書かれている。

**Q3－9**
　研究活動における不正行為は、「公表前」の研究成果に関する行為も含まれうるのでしょうか。

**A3－9**
　本ガイドラインの対象となる特定不正行為は、投稿論文など発表された研究成果に関する行為に限ります。投稿論文については、論文が掲載された時点を発表とみなします。したがって、論文を投稿したものの出版社によって掲載を拒否された研究成果など、公表されていないものについては、本ガイドラインの対象外となります。

**Q3－10**
　投稿論文の場合、論文が掲載された時点で「発表」とみなすのか、それとも論文を投稿した時点で「発表」とみなすのか御教示ください。

**A3－10**
　投稿論文については、論文が掲載された時点を発表とみなします。したがって、論文を投稿したものの出版社によって掲載を拒否された研究成果など、公表されていないものについては、本ガイドラインの対象外となります[*4]。

これは、「投稿論文など発表された研究成果の中に示された」ものという規定のもとでは、どのような行為が特定不正行為とみなされ、あるいはみなされないのかを明確にしたものである。研究成果を論文として投稿を

行うに際して研究不正を働き、首尾よく掲載された場合は特定不正行為になるが、掲載されなかった場合には特定不正行為に該当しないというのは、理不尽に感じるだろう。ある意味極端な事例ではあるが、規定にのっとった判断はそのような限界を本質的に持っている。言い換えれば、特定不正行為が認定されないという事実自体は、当該行為が科学者として問題のない行為であることを保証するものではない。

　もちろん、上記の規定を、「発表された研究成果」に限定せず、たとえば「研究活動の全プロセスの中で行われた捏造・改ざん・盗用」と改訂することも考えられる。実際、米国では「研究の申請から研究結果の報告までのすべての研究段階」が対象となっている（小林2014：38-40）。米国では研究不正の定義をめぐって、国の研究費を所管する全米科学財団（NSF）や保健福祉省公衆衛生局と研究者コミュニティのあいだで大きな論争が巻き起こるなど、研究不正に関するルールについて徹底した議論が繰り返されてきた。そこでは、どのような行為を研究不正に含めるのか、研究不正をどう認定するのかといった論点をめぐって、幅ひろく徹底した議論が行われてきた。その結果、研究不正の定義やルールが何度も改訂されてきた。そのようなプロセスは、研究不正問題への対応が一人の研究者の研究生命を左右するものであるとともに、国内で展開される研究活動の展開にもさまざまな影響を与えるだけに、必要不可欠なことである。

　事情は日本でも同様なはずである。適切なデュー・プロセスを担保したうえで適切な対応を行うためには、どのように規定等を改善すべきか。文部科学省の現行のガイドラインに縛られることなくひろく議論を行い、ガイドラインの改定も視野に入れてコンセンサスを作っていく努力を進めていくことが不可欠である。

　しかしその上でなお、規定には根本的な限界があることには留意が必要である。法に違反しなければ、どのような行為も社会的に許容されるわけではないのと同様、規定上の不正行為に該当しなければ問題がないというわけではない。とりわけ研究者の場合は、社会からの負託をうけ、税金を財源とする公的資金を受けて研究活動に携わっているのであり、規定上の研究不正行為に該当しなければよいという問題ではない。

改革委の提言書ではそのことについて、以下のように述べた。

「そもそも「研究不正再発の防止」における「不正」を、理研の「科学研究上の不正行為の防止等に関する規程」（平成24年9月13日規定第61号。以下、「研究不正防止規程」という）に定義された「捏造、改ざん、盗用」に限定して考えようとする向きがあるが、この狭義の不正の定義に固執することは、元来、理研が社会の信託のもとに存在するとの常識的な視点に立てば、不自然であり、科学者コミュニティにおいて要求される規範からの逸脱行為である「科学としての不正」こそが防止するべき対象であることは明白である。」（研究不正再発防止のための改革委員会 2014：3-4）

規定上の不正行為に問題を矮小化するのではなく、「科学としての不正」の防止という観点から問題をとらえることが不可欠なのである。
ただし問題は、「科学としての不正」だけではない。
それ自体は捏造・改ざん・盗用などの研究不正行為とは性格が異なるものの、研究成果の信頼性を大きく揺るがす行為が、多数、存在している。
先に見た第2次調査委員会報告書は、不正認定された行為が「氷山の一角」に過ぎないことについて、不正が疑われる行為について故意性を立証できなかったことのほか、次の3点を指摘している（研究論文に関する調査委員会 2014：30）。
一つ目は、オリジナルデータがほとんど存在しておらず、研究を実施するうえでの「基盤が崩壊している」こと。二つ目は、「論文の図表の取り違え」や「実験機器の操作や実験法の初歩的な間違いなど、過失が非常に多い」こと。これはいずれもそれ自体が不正ではないが、研究の実施にあたって初歩的な次元での根本的な問題である。このような状況で実施された研究の成果が、科学的な信頼性という面で大きな問題があることは明らかだろう。
三つ目は、オリジナルデータの不在や「見ただけで疑念が湧く図表があること」などを、共同研究者らが見落としていたことである。共同研究者として、あるいは論文の共著者として無責任な行為であり、当人たちが不

正に関与していなかったとしても、責任を免れるものではない。なにより
も、研究成果の信頼性を担保すべき立場であるにもかかわらず、その責任
を果たしていない点が大きな問題である。

　改革委の提言書では、「調査委員会で研究不正が認定された『捏造』『改
ざん』のほか、不適切な引用やデータの記録・管理、不適切なオーサーシッ
プ、共同研究者間の不十分なコミュニケーションや不十分な指導・監督
など、多くの『不適切な行為』が発生しており」（研究不正再発防止のため
の改革委員会 2014：3）、狭義の研究不正行為に限らず、それらの科学者と
して好ましくない行為を含めた問題の全体像をとらえることが必要である
と述べた。重要なのは、「科学としての不正」を防止するとともに、科学
的に信頼性の担保された研究活動が実施されることである。

## 研究不正をいかに防止するか

　STAP問題では、なぜ研究不正を防ぐことができなかったのか。どうす
れば問題の再発を防止できるのか。

　STAP問題はなぜ起きたのか。改革委提言書ではそれが、「誘惑に負け
た一人が引き起こした、偶然の不幸な出来事」ではなく、「研究不正行為
を誘発する、あるいは研究不正行為を抑止できない、組織の構造的な欠陥
が背景にあった」（研究不正再発防止のための改革委員会 2014：5）と結論づ
けた。そして、STAP問題を惹き起こした主な要因として、8点について
指摘を行った。その大半は、理研にかぎらずわが国の多くの大学・研究機
関にとっても無縁ではないものと思われる。とりわけ類似の状況が存在し
うると考えられるのが、以下の5点である。

　①STAP論文は、生データの検討を省略し、他の研究者による研究成果
　　の検討を省略して拙速に作成された
　②小保方氏の研究データの記録・管理はきわめてずさんであり、CDB
　　はそのようなデータ管理を許容する体制にあった
　③研修の受講や確認書提出を義務化しながらもそれが遵守されておらず、

かつ不遵守が漫然放置されている
④実験データの記録・管理を実行する具体的なシステムの構築・普及が行われていない
⑤理研本体のガバナンスにおいて研究不正防止に対する認識が不足している

　その詳細について興味のある人には、ぜひ提言書本文を一読いただければと思う[*5]。ここでは研究者個人ではなく、研究組織とそのガバナンスという観点に注目して、問題を整理したい。
　第一に、理研CDBでは、きわめてずさんな研究データの記録・管理を許容する体制にあった。STAP問題では、実験ノートの記載が半年間で数ページ程度しかなかったことが報じられ、注目を浴びたが、パソコンでの実験データの管理もきわめてずさんなものであったことも指摘されている（研究論文の疑義に関する調査委員会 2014：10-12）。
　理研ではかつての研究不正事案の発生等も踏まえ、「科学研究上の不正行為への基本的対応方針」（平成17年12月22日理事会決定事項）や研究不正防止規程において適切な研究データの記録・管理を担保する組織的な体制について定めていた。それにもかかわらず、実際にはデータの記録・管理の責任は個々の研究者に委ねられており、組織としての取り組みがほとんど欠落していた。
　研究不正防止規程では、研究グループ等のレベルで、

- 研究レポート、実験データ、実験手続等について、所属長が適宜確認すること
- 研究スタッフに対して、実験ノートの適切な記載の方法を指導すること
- 実験データや実験ノートを、一定期間、保管すること

などが所属長の責務として定められていた。しかしSTAP問題では、このような規定が有名無実と化していた。さらに問題だったのは、このような

第2章　研究不正をどう防止するか──STAP問題から考える　53

規定が現場レベルで遵守されていなかっただけでなく、2013年3月以降、CDBセンター長であった竹市雅俊氏が規定上は所属長としてその責務を負う役割にあったにもかかわらず、その役割を担うことを放棄していたことである。

　竹市氏は改革委の会合で、「そういう管理的なコンプライアンス的なことは私はしておりません」「(小保方氏にかぎらず)すべての新任のPIに対して私がその問題に対してやっていません」と述べている(研究不正再発防止のための改革委員会 2014：10)。研究不正防止規程に定められている所属長としての責務を、センター長自らが放棄してきたという証言であった。

　コンプライアンス的な立場から現場にかかわるのではなく、現場の研究者に裁量を委ねて自由に研究させるというのは、たしかに一つの見識ではある。理研CDBの自由な研究風土は高く評価されていたところであり、それが竹市氏のふるまいによって担保されていたというのも事実であろう。また、竹市氏がセンター長という立場でありながら、一若手研究者の規定上の所属長として、適切なデータ記録・管理に関する責務を直接負う立場にあったというのは、変則的な状況でもあり、実態に即していないという指摘もありうるだろう。しかし、規程が実態にかなっていないというのであれば、重要なのは、研究不正防止のためにつくられた規程を形骸化し、有名無実化することではない。実効性が担保され、すぐれた研究活動が担保されるように規程や仕組みを改定することである。それこそが、センター長としての責務ではないか。

　第二に、研究倫理研修の受講を管理職に対して義務付けるとともに、「研究リーダーのためのコンプライアンスブック」を作成し、研究系・事務系管理職に対して内容を確認した旨の「確認書」の提出を義務付けていたものの、いずれも遵守されておらず、そのことが漫然と放置されていた。前者は受講率41％、後者の確認書提出は76％であった。管理職研修については、当初は全構成員を対象に研究倫理の講演会を実施していたものの、参加率が低かったため、より実効性を高めるために、2010年より管理職を対象とした義務化をはかったものである。にもかかわらず、受講率は半分以下にとどまっていた(研究不正再発防止のための改革委員会 2014：12-13)。

このような状況が漫然と放置されていたこともまた、改革委提言書で指摘した問題点であった。

　ただしもう一方で、受講率等の数値をあげることそれ自体が目的化すると、あらたな問題が生じかねないことにも留意する必要がある。それはまた別種の形骸化を招きかねない。重要なのは、研究現場で適正な研究活動が遂行されることである。それが実質的に担保されるためにはどうすればいいのか、どうすれば実効性ある取り組みとなるのかを不断に検証していくことが不可欠である。

　第三に、いま述べた点と密接に関係するが、実験データの記録・管理について、理研本体が実施したことは規程を定め、それを各センターに周知することにとどまっていた。実験データの適切な記録・管理は、各センターの責任に委ねられていた。多種多様な研究センターを抱える理研として、研究分野やセンターの研究・運営実態に即した対応を担保するためには、現場に権限を委ねることはありうるだろう。しかし、理研本体として規程を整備した以上、理研の各センターの具体的な実行状況についてモニタリングを行わなかったのであれば、規程の形骸化を組織として許容していたとみなさざるをえない。STAP問題で浮き彫りになったのは、まさにそのような実態であった。

　さらに実効性という観点からは、適切な実験データの記録・管理を実現する具体的なシステムを構築し普及させることもまた、取り組むべき課題であった。理研の横浜事業所では、実験ノートの管理・運営システムが導入されていただけに、その水平展開をはかるなど、実験データの記録・管理を現場任せにするのではなく、組織として支援することが、取り組みの実効性を大きく高めることに寄与できた可能性があった。現場任せにするのではなく、組織としてどう現場を支援するのかという観点から、問題をとらえることが重要であろう。

　第四に、これまで指摘した問題すべてと強くむすびついているのが、「公正な研究の推進」を、たんなるお題目にとどめることなく、理研全体に徹底し、実効性をもったかたちで展開していこうという組織としての明確な姿勢と、それを可能とする組織体制のあり方の有無である。STAP問

題をめぐっては、その点で組織として大きな問題があったというのが、改革委提言書の中心的なメッセージの一つであった。改革委が提示した提言は8項目からなるものであったが、その後半の4点は下記のとおり理研のガバナンスの改革を要求するものであった。

- 「公正な研究の推進＝研究不正行為の防止」を最上位命題に位置づけると共に、公正な研究の推進と研究不正防止を担う理事長直轄の本部組織（研究公正推進本部）を新設すること
- 研究不正を防止する「具体的な仕組み」を構築すること
- 理研のガバナンス体制を変更すること
- 外部有識者のみで構成される「理化学研究所調査・改革監視委員会」を設置し、再現実験の監視、論文検証を行うこと。また、理研の改革を着実に実行するため、監視委員会により本委員会の提言に基づく改革の実行をモニタリング・評価すること

## 研究不正問題への対応とその現状

　以上のように、研究不正問題をめぐる理研の状況は、ガバナンスの欠如と呼べるものであった。しかしこれは理研に固有の問題ではない。多くの大学・研究機関に共通する問題である。

　改革委の提言をとりまとめる過程で、今回の問題は理研だけの問題でないと強く感じていた。たしかにSTAP問題発生後の理研の対応は、お世辞にも望ましいものではなかった。STAP問題をめぐって、筆者はメディアからコメントを求められることも多かったが、その際、個々の対応については批判的なコメントを行うほかなかった。しかし他方で、当時、メディアや一般社会のみならず、STAP問題を批判する少なからぬ研究者たちが、STAP問題を「理研の」問題として、あたかも自分たちとは無縁であるかのように受け止めているように感じることも多かった。その「ひとごと」ぶりに違和感を抱いてもいた。数年の月日を経て、今回、本稿をまとめる過程でその思いがさらに強くなった。なによりも、前節で指摘した事項の

多くは、理研に特有の問題ではなく、国内の多くの大学・研究機関にとって決してひとごとではない。

　理研は2004年に明るみになった血小板の形成メカニズムに関する研究不正問題をうけ、すでにさまざまな対策にすでに取り組んでいた。研究不正問題への対策においては、他の研究機関に比べて、むしろ先駆的な取り組みを展開していた組織であった。そのことについては提言書でも、「（理研の）取り組みは国内の他の大学・研究機関と比較しても先駆的なものではある」（研究不正再発防止のための改革委員会 2014：12）と書いた。

　たとえば先に、理研は研究不正防止規程を定め、研究データを記録・管理する体制を定めていたが、形式的なものにとどまっていたと述べた。しかし当時の国内の大学・研究機関の状況に目をむけると、2014年の文部科学省ガイドラインの改訂をうけ、ようやく規程の整備に取り掛かったと見受けられる機関も少なくなかった。文部科学省が実施した調査によれば、2015年夏の段階で規程を整備している大学・研究機関は約半数にすぎなかった（文部科学省科学技術・学術政策局人材政策課研究公正推進室 2016：20-23）。その後、大半の研究機関で研究データの保存・開示に関するルールが整備されたが、理研の問題は、決して理研だけの問題ではないのである。

　実はSTAP論文をめぐる不正が明るみになったタイミングは、ちょうど国の研究不正防止にむけた取り組みが新たな局面に突入する時期であった。文部科学省では2006年に、「研究活動の不正対応のガイドライン」を策定していた。それは、毎日新聞のスクープでメディアでも広く取り上げられた石器遺跡の捏造事件のほか、理化学研究所、産業総合技術研究所、東京大学、大阪大学といった日本を代表する研究機関で研究不正問題があいついで発生したことを踏まえてのことであった。ガイドラインを踏まえ、全国の多くの大学に、研究不正の告発受付窓口の設置や、調査体制の整備など、不正行為への対応体制が整備された。しかし、これらは基本的に研究不正が発生してからの対応を中心とするものであった。研究不正の発生を防止すること自体は、基本的に個々の研究者の責任と自覚に委ねられていたのであった。

　しかし、その後も、東大分生研や、いくつもの大学の医学部を巻き込ん

だノバルティスファーマ事件など、深刻な不正事案があいついで発覚した。そのなかで、文部科学省では2013年より、研究不正問題への対応を強化すべく、ガイドラインの見直し作業にとりかかった。同年8月には、副大臣や審議官、局長らを構成員とする「研究における不正行為・研究費の不正使用に関するタスクフォース」によって、不正の事前防止や研究機関の組織としての責任体制の確立等を軸とする、不正問題への基本方針がとりまとめられた。不正問題への対応について、事後対応から事前防止へ、また、研究機関による積極的な取り組みへと、大きな方針転換をはかるものであった。

　タスクフォースの中間とりまとめを踏まえ、同年11月には、2006年のガイドラインの具体的な見直し作業が、「「研究活動の不正行為への対応のガイドライン」の見直し・運用改善等に関する協力者会議」において開始された。筆者も委員として協力者会議に参画した。2014年2月3日には、協力者会議の報告（「審議のまとめ」）が公表された。同報告を踏まえ年度内にも新たなガイドラインが策定されるというタイミングで発生したのが、STAP問題であった。「審議のまとめ」が発表されたのは2月3日であり、「STAP細胞」をめぐって華々しい報道が連日、メディアを騒がせていたさなかであった。その直後に、STAP論文をめぐる疑義が注目を集めることになった。文部科学省ではSTAP問題の発生をうけ、ガイドラインの中身について再度の検討を行うことになった。そして2014年8月に発表されたのが、「研究活動における不正行為への対応等に関するガイドライン」（文部科学大臣決定 2014年8月26日、いわゆる「新ガイドライン」）であった。

　新ガイドラインの基本的な考え方は、以下の言葉に集約されている。

　「これまで不正行為の防止に係る対応が専ら個々の研究者の自己規律と責任のみに委ねられている側面が強かったことが考えられる。今後は、研究者自身の規律や科学コミュニティの自律を基本としながらも、研究機関が責任を持って不正行為の防止に関わることにより、不正行為が起こりにくい環境がつくられるよう対応の強化を図る必要がある。」（第1節5 (2) 研究機関の管理責任」）（文部科学省 2014：6）

本稿と関係する点で重要なのは、不正の事前防止に向けた対応において、大学や研究所等の研究機関に大きな役割が委ねられている点である。「研究機関において、組織としての責任体制の確立による管理責任の明確化や不正行為を事前に防止する取組を推進すべきである」（同：6）というのが、新ガイドラインの重要なポイントの一つである。研究不正の防止にむけて、研究機関が適切なガバナンスを発揮することを求めているのである。
　研究機関には具体的に以下の取り組みが要求されている。

- 「研究倫理教育実施責任者」の設置などの必要な体制整備を図ること
- 広く研究活動に関わる者を対象に、定期的に研究倫理教育を実施すること
- 研究者に対して一定期間、研究データを保存し、必要な場合に開示することを義務付ける規定を整備し、その適切かつ実効的な運用を行うこと

　また、学生を擁する大学には、これに加えて、

- 各大学の教育研究上の目的及び専攻分野の特性に応じて、学生に対する研究倫理教育の実施を推進すること

も要請されている。
　ガイドラインでは、これらの対応を徹底するため、文部科学省が研究機関に対して定期的に履行状況調査を実施し、各機関における体制整備の状況を把握するとともに、その結果を公表することを定めている。さらに、体制整備状況に不備がある場合、競争的資金等の間接経費の削減措置をとることも盛り込まれている。
　近年、大学に配分される公的資金は、大学の規模等に応じて配分される基盤的経費が削減される一方で、公募型の研究費等への申請・獲得によって配分される競争的資金が大きな割合を占めるようになっている。間接経

費は、研究環境を整備するため、競争的な研究費に対して一定の割合で配分される資金であり、多くの大学にとって間接経費が大学運営経費に占める割合は大きくなっている。本末転倒なことではあるが、間接経費獲得のために競争的研究費の獲得を所属する研究者に求める大学・研究機関も少なくない。間接経費の削減措置は、研究機関にとってきわめてシビアな問題である。新ガイドラインのもとで、この数年間のあいだに研究不正の防止にむけた対応が、国内の大学・研究機関で急速に進展してきた。さらに研究倫理教育の受講は、科学研究費補助金をはじめとする競争的研究費の申請要件になった。研究不正の防止にむけた取り組みは、新ガイドランのもとで、この間、大きな進展を見せている。

　しかし、本稿で先に確認した通り、ようやく国内の大学・研究機関で大きく普及してきた取り組みは、ある程度、STAP問題が発生する前の理研ですでに導入されていたものであった。研究倫理教育については、受講管理の徹底が不十分であったとはいえすでに取り組まれていたし、研究データの記録・管理を担保する組織的な体制も定められていた。また、対象が研究リーダー等に限定されていたとはいえ、「研究リーダーのためのコンプライアンスブック」については、8割弱の対象者が内容を確認した旨の確認書を提出していた。

　ここで注目すべきなのは、改革委提言書でも指摘されているように、研究不正を行った当人も確認書を提出していたことである。すなわち、「確認書を提出したからといってコンプライアンスの遵守がはかられるわけではないこと」（研究不正再発防止のための改革委員会 2014：13）が、はからずも実証されてしまったのである。しかもコンプライアンスブックの最初にとりあげられていた事例は、電気泳動における実験データの改ざんであり、皮肉にもSTAP問題で発覚した不正行為と類似の事例であった。

　研究倫理の徹底のためには、研究倫理教育を実施し、研究データの記録・管理に対する規程を整備するだけでは不十分であることを、STAP問題ははからずも露呈してしまったのである。

## 文科省新ガイドラインへの対応を超えて

　研究倫理教育の実施など、新ガイドラインに対応すればよしとするのではなく、その先のステップに向けて実効性のある取り組みを展開していくことが不可欠である。その点について、深刻な研究不正事案があいついで発覚した東大分生研の事例をもとに検討したい。

　東大分生研では、2014年に加藤研究室で、2017年に渡邊研究室で、たてつづけに研究不正が認定された。

　加藤研究室の事案では、1996年から2012年にかけて同研究室から発表された論文165報のうち、『ネイチャー』などに掲載された33報の論文で捏造・改ざんの不正行為が認定された。そのうち不正行為を行った者を特定できたのは15報にとどまったが、加藤茂明教授を含む11名の研究室構成員について、不正行為への関与が認定された。また、この不正にかかわって東大で学位（博士号）を取得した3名と徳島大の1名が学位を取り消された。

　調査委員会の報告書によれば、同研究室から発表された論文には「不正行為や（図の―引用者）貼り間違い等の不適切な行為が多数発生して」いた（東京大学科学研究行動規範委員会 2014：4）。その要因・背景に、「加藤氏の主導の下、国際的に著名な学術雑誌への論文掲載を過度に重視し、そのためのストーリーに合った実験結果を求める姿勢に甚だしい行き過ぎが生じたこと」（同：4）があった。さらに、不正の主現場となった研究グループでは、「杜撰なデータ確認、実験データの取扱い等に関する不適切な指導、（…）実施困難なスケジュールの設定、学生等への強圧的な指示・指導が長期にわたって常態化していた」（同：4-5）。このような環境のもとで、不正行為が大規模にかつ長期にわたって発生したのであった。

　さらに報告書は、不正行為に関与した者の多くが、大学院生のころから加藤氏の指導をうけており、過大な要求や期待に対して「無理をしても応えるしかないといった意識を持つような環境が存在していた」（同：5）と指摘する。彼らは学生時代から指導教員に従順であったがゆえに、不正行為に関与してしまった。そういう意味で、彼らは犠牲者でもあった。しか

も彼らの多くは、先にも触れたとおり不正行為を理由に学位を取り消されている。研究者として第一歩を踏み出したその段階で、研究者生命に大きな傷を負ってしまったのである。そのような不幸を生み出さないためにも、個々の研究者や研究室に研究不正の防止を完全に委ねてしまうのではなく、研究機関として適切なガバナンスを行使することが不可欠である。

　この事案では、加藤氏が、日本分子生物学会が研究不正の防止にむけて設置した「若手教育問題ワーキンググループ」の委員であったことも、一部で話題になった。研究不正の防止にむけ、学術コミュニティをリードする立場から活動を行っていた研究者のもとで、上記のような深刻な問題が発生していたことは、研究不正の防止がそれほど容易ではないことを示している。問題への関心も高く、一定の知識・見識も持っているはずの立場の第一線の研究者が、研究不正の当事者となった。そのことは、研究倫理教育を通して知識を身に着けるだけでは不十分であることを裏付けるものとなっている。

　東大分生研では、本事案の発生をうけ、研究倫理教育・研修の実施や、実験データのチェック・管理などを軸とする再発防止策に取り組んでいた。研究倫理教育も、通り一遍のものではなく、細胞生物学分野の論文の図の扱いのような具体的事例に即した倫理セミナーを実施するなど、実効性の高いものとなるような努力を行っていた。しかしそのさなかで、再度、渡邊研究室での研究不正が明るみになった。2017年8月に発表された調査委員会報告では、論文4報について研究不正が認定され、渡邊氏を含む2名が不正行為に関与したとされた。不正行為が認定された論文の多くは2011年以前に発表されたものだったが、1報は加藤研での研究不正が認定され、倫理セミナーなどの再発防止策に分生研が取り組み始めてから論文として投稿されたものであった。調査報告書はその点について、次のように述べている。

　　分生研の開催する倫理セミナーでは、過度の加工についての一般的な問題点が何度も指導・教育されていたが、渡邊氏は、倫理セミナーでの指摘を真摯に受け止めていなかった。（東京大学科学研究行動規範委員会　2017：

17)

　さらに、渡邊研究室内における実験ノートの理解や運用実態に大きな問題があったこと、実験画像の不適切な加工が常態化していたことも指摘されている。
　以上の2つの事例からは、研究不正の防止策が実効性をもつためには、研究倫理教育の実施など新ガイドラインが要請している事項にとどまらず、両研究室で常態化していた研究慣行にメスを入れることが不可欠であることを思い知らされる。研究機関のガバナンスという観点が要請されるゆえんである。
　ただし、研究不正の防止にむけたガバナンスが適切に機能するためには、トップのリーダーシップをもって積極的に取り組むことのみならず、現場のコミットメントが欠かせない。そもそもガバナンスという用語は、トップが独断的に決定を行うことによって組織を統治するのではなく、多様なステイクホルダー（利害関係者）が関与することによって組織を統制していくというプロセスを重視する概念である[*6]。
　研究機関の上層部や事務組織が、研究不正の防止を研究現場に完全に委ねてしまうのでは問題は解決しないことは、東大分生研の事例で明らかである。しかし、だからといって、コンプライアンスの観点から形式的な不正防止策を現場に強要すればいいという問題でもない。研究慣行は、研究分野によっても大きく異なっている。その違いを無視した規制的対応は、対策への不信を招きかねないし、研究活動そのものを委縮させることにもなりかねない。研究現場の実情や多様性を担保した形で実効性のある取り組みを展開していくことが可能となるためには、トップが一定のリーダーシップを発揮しながらも、同時に現場の研究者が研究不正問題への取り組みに積極的にコミットすることが必要不可欠である。そのことによって、責任ある研究行為が研究室レベルにまで浸透していくことが期待できる。もちろんその際、不正防止にむけた取り組みの効果について、不断に検証していくことが欠かせないこともいうまでもない。
　STAP問題は、研究不正を防止し、責任ある研究活動を推進していくた

第2章　研究不正をどう防止するか——STAP問題から考える

めには、なにが課題なのか、どのような取り組みが必要なのかを考える際に、多くの材料を提供してくれる。研究機関のガバナンスという観点から問題を整理し、取り組みを展開することは、一定の有効性をもってくるだろう。そのことを確認して本稿をしめくくりたい。

謝辞

　本稿の執筆にあたっては、春日匠氏（一般社団法人　科学・政策と社会研究室）の全面的な協力をえた。とくに、研究機関のガバナンスという観点からの整理については、同氏の協力に多くを負っている。記して感謝する。

注
- *1 「文部科学省の予算の配分又は措置により行われる研究活動において不正行為が認定された事案（一覧）」http://www.mext.go.jp/a_menu/jinzai/fusei/1360839.htm（2019年7月31日確認）
- *2 なお同規程は、今回の問題の発生を受けて2014年10月23日付で改正され、その後も数次にわたり改正されている。
- *3 研究不正防止規程のように、関連する一連の条項をとりまとめた文書について「規程」を用い、規程を構成する個々の条項について「規定」を用いる。
- *4 「「研究活動における不正行為への対応等に関するガイドライン」に係る質問と回答（FAQ）」http://www.mext.go.jp/a_menu/jinzai/fusei/1352820.htm（2019年7月31日確認）
- *5 理研のウェブサイトよりダウンロードできる。http://www3.riken.jp/stap/j/d7document15.pdf
- *6 ベビア（2013）など。

文献

研究不正再発防止のための改革委員会「研究不正再発防止のための提言書」、2014年6月12日。
研究論文に関する調査委員会「研究論文に関する調査報告書」、2014年12月25日。
研究論文の疑義に関する調査委員会「不服申立てに関する審査の結果の報告」、2014年5月7日（9日修正）
小林信一「我々は研究不正を適切に扱っているのだろうか（上）――研究不正規律の反省的検証、レファレンス、764、2014。
東京大学科学研究行動規範委員会「分子細胞生物学研究所・旧加藤研究室における論文不正に関する調査報告（最終）」、2014年12月26日。
東京大学科学研究行動規範委員会「22報論文に関する調査報告」、2017年8月3日。
M. ベビア、野田牧人訳『ガバナンスとは何か』NTT出版、2013年；M. Bevir, Governance, A Very Short Introduction, Oxford University Press, 2012.
文部科学省「研究活動における不正行為への対応等に関するガイドライン」、2014年8月26日。
文部科学省科学技術・学術政策局人材政策課研究公正推進室「研究活動における不正行為への対応等に関するガイドラインに基づく平成27年度履行状況調査の結果について」、2016年3月29日。
K. Kupferschmidt, "Tides of Lies," *Science*, Vol. 361, Issue 6403, 2018.

# 第3章　STAP論文の検証とこれからの学術論文執筆

　令和時代の幕が開けた。新しい時代になっても、学術論文は出版され、学問の発展に寄与していくことだろう。それが人類の叡智となり、豊かな社会を築くよう願っている。しかし、気を付けるべきことがある。科学の歴史で論文の捏造が繰り返されてきたということだ。捏造の起きる背景を、科学ジャーナリストの牧野賢治氏は「人間の悲劇」になぞらえ、山崎茂明氏は「はじめは些細なことから起こる」と指摘する。学術出版のシステムは人間がつくったものであり、完全なものではない。現在、SNS全盛、AIの台頭など、ますます情報化の進む社会に私たちは生きている。学術情報の発信や論文を審査する制度などは専門家の研究活動の肝であるが、学術出版そのものについてさえも見直しがせまられている。本章では、STAP事件の「学術ジャーナルと論文執筆」に焦点を当て、検証する。STAP論文の文章分析、捏造問題の起こる理由、改善策、の三点から論じてみたい。

## STAP論文の文章分析

　STAP現象についての論文は、"Stimulus-triggered fate conversion of somatic cells into pluripotency"というタイトルで2014年1月30日に学術誌『ネイチャー』より出版され、2014年7月2日に出版が撤回された。『ネイチャー』のオンラインサイトを閲覧すると、今でも撤回後の論文を読むことができる。あれほどまでの騒動になったが、実際に論文を読んでみた人はほんの一握りにすぎないのではないだろうか。ここで、「文章研究」という専門分野の分析手法を用い、STAP論文の「著者名表記」、「要旨」、「論述スタイル」に着目する。論文執筆の基礎をおさらいしつつ、今回の論文の文章を改めて読んで問題点を探る。

### ■著者について

　論文には書式や体裁があり、それぞれの学術誌で投稿規定に定められている。著者名は論文の冒頭、タイトルの次に記載されており、共著者として最初に記載される著者を筆頭著者、最後に記載される著者を責任著者というのが一般的である。専門領域によって著者の表記方法には流儀があるが、主たる研究実施者が筆頭著者、指導教員など研究チームのリーダーが責任著者となる場合が生命科学領域では多い。

　STAP論文の著者について確認すると、筆頭著者として小保方晴子氏、責任著者はチャールズ・ヴァカンティ氏が記載されている。他には、若山照彦氏、笹井芳樹氏、小島宏司氏、丹羽仁史氏、大和雅之氏、ヴァカンティ氏の兄弟が名を連ねた。以下のように明記されている。

Haruko Obokata, Teruhiko Wakayama, Yoshiki Sasai, Koji Kojima, Martin P. Vacanti, Hitoshi Niwa, Masayuki Yamato & Charles A. Vacanti

　現代のバイオ系論文として、8名という共著者数についての違和感はない。

　他方で、出版後に捏造と断定され撤回のあったとき、共著者それぞれの「責任の所在」が問題となった。STAP論文の本文を確認してみると、「論文への貢献度」は、以下のように記載されていた。

Contributions
H.O. and Y.S. wrote the manuscript. H.O., T.W. and Y.S. performed experiments, and K.K. assisted with H.O.'s transplantation experiments. H.O., T.W., Y.S., H.N. and C.A.V. designed the project. M.P.V. and M.Y. helped with the design and evaluation of the project.
（訳：小保方氏と笹井氏が論文執筆を担当した。小保方氏と若山氏、笹井氏が実験をし、小島氏が実験補助をした。小保方氏、若山氏、笹井氏、丹羽氏、ヴァカンティ氏が研究プロジェクトの構想に参加し、ヴァカンティ氏の兄弟と大和

氏は研究プロジェクトの構想や評価に参加した。)

　今回の一件では、出版後の論文に疑義が生じ、著者それぞれの研究及び論文執筆への貢献内容が具体的に問いただされることとなったが、共著者からの回答を得ることに関し、困難を極めた。
　論文において、共著者になる資格ならびに著者の記載順序については「オーサーシップ」とよばれている。捏造の有無にかかわらず、一本の論文に関して誰がどこまで共著者に入るべきなのか。その線引きは、論文著者のチーム内の裁量に委ねられており、投稿規程では明文化されていない。かなりナイーブな問題であり、研究分野によっても考え方が違う。本章の後半でも、改めてこのような「オーサーシップ問題」について言及する。

### ■アブストラクト

　アブストラクト(要旨)とは、一般的に論文の冒頭にあり、論文全体についての「簡素なまとめ」のことを言う。STAP論文のアブストラクトは、次のように始まっている。

> Here we report a unique cellular reprogramming phenomenon, called stimulus-triggered acquisition of pluripotency (STAP), which requires neither nuclear transfer nor the introduction of transcription factors (p641).

　このアブストラクトの後半に着目してみよう。"nuclear transfer"や"introduction of transcription factors"という専門用語は、論文全体を読み込むと、iPS細胞の研究手法を指していることがわかる。ご存知の方も多いように、iPS細胞の研究とは、2008年に論文として出版され、すぐに画期的な研究としてノーベル賞も受賞している。STAP論文では、iPS細胞論文に意識的に対抗したアブストラクトから始まっていた。記者会見だけではなく論文の内容でもiPS細胞の研究を強く意識して比較し記載することにより、STAP論文の権威付けを試みていたことがうかがえる。

また、幹細胞研究が主なテーマであるのに加えて、アブストラクトの末文には、エピジェネティクスのことが以下のように述べられている。

> Thus, our findings indicate that epigenetic fate determination of mammalian cells can be markedly converted in a context-dependent manner by strong environmental cues（p641）.

このように、STAP論文のアブストラクトでは、「iPS細胞」と「エピジェネティクス」というバイオ研究の流行をおさえ、2つの分野を横断する研究として、読み手の強い関心を引こうとする書かれ方がなされていた。ただやはり、結果論ではあるが、具体的な論理構築が不足しているのではなかろうか。アブストラクトも、本来であれば専門用語による具体的な新規性の記述がより緻密になされるよう期待される。

### ▇ 論述方法

STAP論文は、一見、科学論文として書き慣れた論述方法をとっていた。出版後に詳細な検証により捏造であると断定されたが、素人であれば、一読して捏造であると見抜くのは難しい。実験データの表示や論理の枠組み、論文各項目の記述は、学術的に書かれている。それゆえに、捏造論文であることが、残念である。論文のDiscussion（議論）の部分では、以下のように書いている。

> A remaining question is whether cellular reprogramming is initiated specifically by the low-pH treatment or also by some other types of sublethal stress such as physical damage, plasma membrane perforation, osmotic pressure shock, growth-factor deprivation, heat shock or high $Ca^{2+}$ exposure.

"A remaining questions is 〜"（残された問題は）というように、今回の研究について今後の展望までも述べられている。これも書き慣れた、論文で

オーソドックスな書き方だ。
　一方、同じ部分で、次のようにやや誇張ともとれる記述がみられる。

Our present finding of an unexpectedly large capacity for radical reprogramming in committed somatic cells raises various important questions.

　文中にある"finding of an unexpectedly large capacity"（信じられぬほど大きな可能性を秘めた発見）とは、科学論文らしい書き方とは言い難い。科学的ではない行き過ぎた表現が論文中に散見する例である。より多くの報道機関にニュースとして報じてもらうことを目的として、プレスリリースの原稿に使用するのであれば適切かもしれない。だが、論文の文章表現としては、科学的論述法とはいいがたい。学術論文では、筋道をたてた記述が求められる。「論理の飛躍」にならぬよう気を付けなければならない。
　これらのように、改めてSTAP論文の文章に目を通してみると、科学的な説明に加えて、意図的なiPS細胞研究との比較や誇張表現が見受けられるのが理解できる。実験データの捏造疑惑に加えて、文章表現でさらに虚偽の内容を誇張してしまっていた。
　ただ、すべてが嘘ではないことも付け加えておく。論文の最後に「リプログラミング（細胞が未分化な状態に戻すこと）において細胞は多様性を持っている」という表現は、嘘ではない。STAP論文の著者がもっていたこのような専門性を、捏造ではない論文の執筆に生かしてもらいたかった。
　細胞生物学は、まだ分かっていないことが多い。せっかくの興味深いテーマだったにもかかわらず、虚と実を混ぜ合わせて、捏造論文が書かれてしまった。捏造論文ではなく、新しい発見についての論文が、これからも細胞のリプログラミング現象に対する我々の理解をより深めていくよう、期待している。

## 論文捏造はどうして起きるのか？

　若くて周囲から期待されていた人物が嘘の研究データを発表してしまう。このような事例が続く。しかし、捏造論文を発表しても著者にメリットはない。このあたりのことは、毎日新聞科学記者の須田桃子氏によるSTAP事件を振り返った著作『捏造の科学者——STAP細胞事件』が詳しい。NHKで捏造についてのドキュメンタリー「史上空前の論文捏造」を制作・報道した村松秀氏による、ベル研究所での若手研究者ヘンドリック・シェーンの捏造事件の事例も興味深い。須田氏によれば、シェーン事件とSTAP事件とは、多くの共通点があるという。

　これらの文献を手がかりにしながら、筆者は「論文捏造防止マニュアル」を作成し、月刊『化学』での連載において発表した。捏造防止マニュアルから、STAP事件の問題を論文執筆の視点で考察し、以下に述べる。

### ≡ 論文の再現性の有無

　2014年1月にSTAP論文が『ネイチャー』で華々しく発表されてから、最初に疑義が生じたのは「論文の再現性がとれない」ことだった。当初の発表では、外部ストレスをかけることにより胚性幹細胞に似た細胞を作成する「実験方法の簡単さ」が売りの研究だったにもかかわらず、国内外の研究者が追試をしても成功者はいなかった。多くの追試失敗の結果は、学術ジャーナルでの発表を待たず、インターネット上のブログやSNSを通じて世界各国から報告され広まった。

　これを受けて、理化学研究所では論文疑義を調査する委員会が設けられ、当事者や関係者が再現実験を試みるよう時間が与えられた。それにもかかわらず、再現はなされないままだった。

　このように、STAP論文をはじめとする捏造論文の多くは、「再現性がない」ことが理由で発覚してきた。これまで研究倫理の専門家が指摘してきたように、実験対象とする生き物や細胞の特性上、再現ができないまま論文発表をするケースも少なくはない。しかしそういったケースでは、発表する論文のなかで「再現できない実験である」ことや「再現できない理

由」を明記している。それに対して、捏造論文の著者のケースでは、論文に従って追試した研究者が再現性のなさを主張しても、受け入れることがない。

　論文を読んで追試をする研究者のために、論文のなかでは実験方法の部分で「実験プロトコール」が発表される。今回は、「実験プロトコールがわかりにくかった」との理由で論文出版の後に実験プロトコールだけが再出版された。それにもかかわらず、詳細の説明が加筆された実験プロトコールを用いてもなお、STAP実験は再現されないままであった。

　STAP現象の研究目的が再生医療への応用であったことからしても、「再現性が得られにくい実験」という言い訳は後づけに聞こえた。ハイインパクトな論文とは、「どの学術ジャーナルに掲載されたか」ということのみならず、再現性についての明確な姿勢をもっている。それが、論文を引用したり追試したりする読者の研究者に対する誠実な姿勢である。

### ■ 研究機関の権威とメディア報道

　STAP論文の出版後のフィーバーと、論文捏造発覚後のバッシングについては、学術組織の広報と報道を考えるうえで強烈な記憶が残っている。STAP論文が発表されたのは、世界でトップジャーナルの一つと捉えられている『ネイチャー』。筆頭著者は早稲田大学で博士号を取得し、ハーバード大学へ研究留学、そして若くして理化学研究所で研究室をもっていた。このような「権威」の雑誌や研究機関をもて囃し、賞賛する場合は少なくないが、一流雑誌の日本国内の一流研究所からの論文出版とはいえ、論文を発表しただけでノーベル賞を受賞したかのような騒ぎだった。それに対して、今度は論文の捏造をしたことによって、マスメディアは関係者を追いつめすぎた報道をしがちとなり、過度な報道は人権侵害のレベルに達していたと言わざるを得ない。

　社会と権威、社会と研究現場について、距離感に違和感を覚えた。STAP事件から社会が得るべき教訓の一つは、「発明発見の報道を妄信せず、煽られるようなバッシング報道のあったときにも流されることもなく、科学コミュニティへの適度な信頼感をもつ」大事さであろう。STAP事件

から5年の経過した今、SNS全盛はさらに勢いを増し、メディア報道の傾向も追随するような課題が見受けられる。当時に得た教訓のことを忘れてはならない。

### ▅ 一流学術ジャーナルと捏造論文の事例

皮肉にも、世界で一流と呼ばれるような学術ジャーナルのほうが、捏造発覚の舞台となりやすい。STAP論文だけでなく、過去のベル研究所の超伝導論文なども、『ネイチャー』や『サイエンス』で捏造論文が発表されてしまっていた。その度に、「ノーベル賞級の大発見」と周囲は騙され賞賛し、その後、捏造が発覚して著者となった当事者が研究所を去っていった。そのため、警戒せざるをえないし、『ネイチャー』や『サイエンス』も、捏造防止策として投稿規定や審査を厳格化している。

どのような学術ジャーナルであっても、研究不正の捏造論文が掲載されてしまう可能性は否定できない。捏造の疑義が生じたら、掲載元のジャーナルの検証、著者の所属する研究機関での検証、報道機関での報道、そして一般市民の関心、それぞれに適切な態度や対応が求められている。

### ▅ 共著者の責任分担

STAP事件を受けて、研究者から話をきくと、共著者やオーサーシップの問題を一番の感想に述べる場合が多い。報道では筆頭著者が話題の中心となっていた。また、今回の事例では、筆頭著者が留学先で行っていた実験を発展させたかたちで理化学研究所研究者として論文出版した。そのため捏造発覚後、論文が作成された際の実験証拠を追跡するのが難航した。

貢献度が不明瞭な場合、研究者は共著者となるべきではない。研究にそれほど労力を提供したと言い難い研究者が「名前を貸す」ことがあり、研究倫理の観点から問題視されている。論文の著者リストを見栄えよく見せ、よりハイインパクトな論文として仕上げようとしたり、関係者が業績評価で恩恵を受けたりするのを目的としている。「ギフトオーサーシップ問題」とよばれているが、改善のためには一筋縄ではいかないのも確かだ。昨今では、共同研究を大勢のチームで遂行する研究分野において、驚くほどの

共著者数の論文が発表されている。たとえば、5154人の共著者の論文が発表されたという報道があった。大型装置を使用した研究であれば、大規模実験に貢献した研究者として共著者の資格があるだろう。これはギフトオーサーシップ問題とは別にとらえられるケースだ。

　グローバル化が進み、国際共同研究は増え続けている。アメリカや中国など、論文出版に勢いのある海外諸国の政府は、国際共同研究が国益になるというスタンスをとり、推奨している。その結果、国際的な論文出版数が大幅に増加傾向にある。ちなみに日本は国際共同研究論文が少なめであり、政府も課題策を講じるほどの問題となっている。ギフトオーサーシップではなく、真の意味で共著者が多い国際共同研究を上手く進められるような日本の研究チームとなってもらいたい。

## 密室での実験

　今回の事件を受けて、日本全国の多くの研究機関で実験データやサンプルの管理が厳格化したという。実験データや実験ノートの管理が必要なのに加えて、論文捏造の温床となるような研究環境条件として、「密室での実験環境」が挙げられる。STAP現象の発見をした時期、当事者による仮説の検証過程について、留学先の大学や理化学研究所で、論文著者の研究を他の研究者が見ていない。そのため、追跡が難しくなっていた。

　多忙により、真夜中にたった一人、研究室で実験を続けていた。誰も論文で書かれた実験の風景を同じ研究室のスタッフが見ていない。その実験が本当に行われていたのか、いなかったのか、実験のデータが偽造か真実か、目撃者がいないのだ。

　このような密室ともいえる環境における実験は、データ捏造の原因となりやすいだけではなく、安全面でも問題がある。研究機関では安全管理の規定遵守を推奨しているのだから、形式だけでなく、研究活動に望ましい時間帯に実験をしてもらいたい。研究や論文執筆の環境を見直すことが、研究不正や論文捏造の防止につながる。

### ■論文発表後の研究内容の説明

　STAP論文へ疑義が発覚したときに、論文著者チームによる問い合わせ対応は曖昧模糊としていた。論文出版後の読者や報道機関からの質問に対して、記者会見の場や代理人弁護士を通じた論文著者からのコメントは、期待された科学的な内容ではなかった。

　筆頭著者の「STAP現象の観察は200回成功した」という発言が、記憶に残る。研究の条件や、実験プロトコールには書かれていないコツ、現象観察の様子を具体的にわかりやすく説明できることが求められる場であったにもかかわらずである。

　研究の発明や発見は、論文で発表して終わりなのではない。学会での質疑や論文読者からの問い合わせに対応してこそ、研究がさらに進展していくものだ。

### ■捏造論文の特徴

　STAP論文では、これまでたくさんの論文をトップジャーナルで出版して来た著名な共著者が名を連ねた。実験データを出すのと、論文執筆は違った能力であり、捏造事件が起こるときには、皮肉にも優れた執筆能力をもった論文著者がいるようである。

　また、捏造論文では、本当の実験データが存在しない。そのため、他の実験のデータが使い回されてしまうことがある。さらには、実験データに過度な加工がなされてしまうこともある。STAP論文でも、画像処理が捏造の決定的証拠とされた。デジタル技術の進歩にあっても、データ加工による改ざんは決して行ってはならない。現象発見の証拠となる生データやサンプルが事実上存在していなかった。「データ管理がずさん」では、どう取り繕っても存在しなかったデータが「ある」と主張するには無理がある。

### ■学生時代の論文執筆経験

　大きな捏造事件が起きてしまうまでに、長期間にわたって当事者は論文執筆で捏造まがいの行為を繰り返している場合が多い。特に、学生時代の

論文執筆経験は重要である。

　STAP事件では、STAP論文の筆頭著者の博士論文取得先であった早稲田大学が批判を浴びた。筆頭著者が博士号を取得したのは、2011年3月。早稲田大学の発表によると、『ネイチャー』のSTAP論文での疑義をうけ調査し、早稲田大学学位規則23条に則して、2014年付けで学位取り消しをした。博士論文の序論20ページ以上が、米国立衛生研究所のウエブサイトからのコピペの文章だったことが発覚した。大学側は次のように、学内審査の落ち度を認めながら、教育的な配慮のもと博士号維持へのチャンスを与えようとした。

　「学位を授与した先進理工学研究科での指導・審査過程には重大な不備・欠陥があったと認められるため、一定の猶予期間を設けて再度の博士論文指導、研究倫理の再教育を行い、博士論文を訂正させ、これが適切に履行された場合は学位を維持できることとした」。

　しかし、2015年11月2日付けで、学位取り消しが確定した。猶予期間に、選定された指導教官へ改訂原稿が提出されることはあったが、「審査に付すべき完成度に達していない」と大学は判断。結局は、博士論文の望ましい書き直しが行われないままとなった。

　学生時代に、正統な論文執筆法を学ばなかったことは、論文捏造事件の背景となってしまう。さらに、大学の論文執筆教育、倫理教育においても、学術的文章作成の方法論が問い直されている。

## 改善策の提案

　STAP論文本文の分析や、捏造事件の背景について論文執筆の視点から、改善策を以下に提案する。

### IT技術の変化に則した現場での対応

　STAP論文では、実験データの画像改ざん、捏造論文となった筆頭著者

の博士論文では、序論部のコピペや画像の無断転載が発覚した。STAP論文の査読審査を通過させた『ネイチャー』や所属先の理化学研究所、博士論文審査をした早稲田大学といった関係法人において、「デジタル時代の論文執筆問題」という意識は当時それほど強くはなかったのではないだろうか。

わたしたちは今、「読む」、「書く」という作業について、大きな変革の時代にいる。それは情報通信技術の発展による恩恵をうけているからである。その影響は、研究現場における学術論文の執筆・出版・教育に対しても小さくはない。問題なのは、その変化に慣れてしまって、環境整備が追いついていないことである。

ほんの数十年前までは、他人が書いたものを「読む」のは、もっと面倒なことだった。他人の学術論文であれば、図書館へ行って、学術ジャーナルの文献を探し出し、それをコピー機で複写し、ようやく読めた。それが今では、数時間かかった作業が、ほんの数分で済む。

「書く」作業も、インターネット上・PC上でスピードアップが図られた。推敲したり、チームで共同執筆したりするのも簡易になった。インターネットのソーシャルメディアやブログ等で誰でも書いた内容を発表できるようになった。大学で作文講義をしていると、スマートフォンでアイデアのメモをとったり授業課題の原稿を書いたりする学生も増えている。書く行為そのものが、変化を遂げようとしている。

### ■ 作文教育の活性化を

捏造を防止するために、実験で良いデータを出すことにくわえて、論文執筆技術で望ましいトレーニングを受けることが必要である。論文を書けないのは、精神論でいうところの「誠実に文章を書く」という以前に、書き方を理解していない場合も少なくないのではないだろうか。

インターネット上のソーシャルメディア、いわゆるSNSによるコミュニケーションが全盛の時代にある。そのように短い文章を即時にアップロードする機会が「書く行為」として日常化した一方で、アカデミック・ライティングの教育は圧倒的に足りていないと筆者は考えている。

現代の大学教育では、作文は「書いて提出する」ことが主に評価の対象である。提出するまでの過程や作業について、実践しながら学ぶ教育は、他の授業での提出物の質向上にも役立つだろう。

### ■ 方向転換を検討すべき英語教育

英語科学論文の引用は、指導者が見抜くことも難しい。そこで求められるのは、「他者の作品を盗まない」という単なる精神論ではなく、どのように「他者の作品を引用するのか」という方法論の伝授である。

筆者は、海外留学中にアカデミック・ライティングの授業を受けたが、「文献の引用文の書き方」や「インターネットでの文献の探し方と引用情報の明記の仕方」に一学期分をかけて学ぶことがあった。簡単なようで、正確な引用情報の明記は時間がかかるし、論文投稿先では引用文にスタイルがある（APAスタイル等）ため、柔軟に対応できるよう訓練が必要だった。日本でも、このような教育は増えている。

ボキャブラリーの暗記や日常会話の練習だけでは、圧倒的に大学での英語教育は足りない。「英語で学術論文や博士論文を書けるようになる」という目標にフォーカスを絞った、アカデミック・ライティングの基礎教育を受ければ、不適切なコピペの防止や文献検索能力も身に付いて、ビジネスでの応用も効くだろう。

### ■ オリジナリティについての教育

STAP事件では、他の過去の研究不正事件がそうであったように、度重なる記者会見と関係者の謝罪そして辞職が幕引きとなった。責任問題として悪人を絞り出すこと、嘘（捏造）を認めさせること、謝罪をして反省の姿勢を見せること、これらばかりがマスコミ報道では焦点が置かれてしまっていた。これらを事例として、教育現場での研究倫理教育に生かすことはできないだろうか。

学術ジャーナルでの投稿論文も、大学での博士論文も、審査では「不正を働いていないこと」を前提としている。しかし、コピペをしない、画像の無断転載はしない、という約束事を「当たり前のこと」、「誠実に」とだ

けとらえず、提出前に書き手が確認するようなシステムにしたほうが良いことを強調したい。

作文教育では、PCのコピペ機能や画像処理機能を学びながら、「他者の文章や画像が簡単に手に入っても、自分の文章や画像として使用してはならない」ことを繰り返し伝える必要がある。

他者の文章や画像を無断借用する態度は、文章や画像といった表現活動においてもっとも残念なことである。自他のオリジナリティを尊重できるような書き方を教育現場でも徹底することが期待される。

## ■論文業績重視の風潮を問い直す

誰も、自ら好んで捏造などすることはないのに、捏造事件は後を絶たない。なぜ論文捏造を研究者が起こすのだろう。社会的なスキャンダルまで発展する大捏造から、誰にも気付かれることのない小さな捏造まで、さまざまな捏造がある。現場での研究活動において、捏造をせざるを得ない理由が存在するはずだ。

論文での発表は、研究者にとって最も重要な研究業績である。その論文が出版できず、また、出版したとしてもハイインパクトな学術ジャーナルでの出版でなければ、激しい研究競争に打ち勝つことはできない。評価が低ければ、翌年以降の研究予算獲得が難しくなり、研究を続けられなくなってしまう場合も少なくない。また、社会からの関心度合いを示すために、メディア報道業績というのも評価基準となることがある。論文出版そのものだけでなく、出版された論文がどれほど多くのテレビや新聞・雑誌で取り上げられたか。そういった広報やアウトリーチも重要視されている。加えて、研究者の就職活動でも、どのジャーナルにどのような論文を出版したかが精査される。

そのような背景にあって、論文が思うように発表できないとき、追いつめられ、良い論文が書けない解決策として、捏造をしてしまう研究者がいる。残念なことだ。実力主義や成果主義の中心にある論文業績。論文の出版だけが主要な研究業績とし続けて良いのか、見直す必要があるかもしれない。以下、論文におけるインパクトファクター問題を解説しておく。

### ①インパクトファクター問題

インパクトファクターとは、論文が掲載されているジャーナルそのものが一定の期間内にどれほど他の論文で引用されたかを数えて算出された値である。そのため、ジャーナルのインパクトを表しているにすぎない。しかし、インパクトファクターの分かりやすさのためか、研究評価の題材としてあまりに頻用されすぎている。

研究者ひとりひとりの業績や論文それぞれの価値を直接評価している数値ではないが、ジャーナルの被引用件数が研究のインパクトを測るかのように誤解されている。また、研究者自身も、ハイインパクトなジャーナルに出版することばかりを単略的に目標に掲げてしまうことで、研究コミュニティ全体の行き過ぎた成果主義が満盈してしまう。社会全体としても、研究成果を報道するマスメディアは「『ネイチャー』や『サイエンス』に出版されているのならお墨付きである」と業績を過信してしまいがちになってしまう。これらは、今回のSTAP問題でたくさんの人々が口にしたことである。

### ②インパクトを測定する他の方法

インパクトファクター問題を受けて、情報管理の専門家はほかの方法で論文価値を評価する方法を模索している。「社会的なインパクト、経済的なインパクト、教育現場でのインパクトなど、学術論文のインパクトにはさまざまな側面がある。昔よりも、複合的に見る指標が求められている」と文部科学省、科学技術研究者は考えている。

インパクトファクター以外の数値を普及させるためには、研究者はもちろんのこと、科学技術の情報をめぐるたくさんの立場からの連携が必要となってくる。出版社、図書館や学会に加えて、国家予算を配布する政府の機関も協力し変革していく必要があるだろう。新規開発された研究パフォーマンス測定ツールは試行済みのものもあるそうだ。

さらに、国際的な大手IT企業であるGoogle、Amazon、Apple、Facebook、Microsoftにも学術情報担当官がいて、今後の研究評価ツールをそれぞれのネット上のシステムにくみこんでいくつもりらしい。インパクト

ファクター問題は、この先数十年で変革が起きると筆者は見込んでいる。

### ■ 論文査読低コスト化の問題

現状では、オンラインでの投稿や査読が主流となった。そこでは、人件費の削減やスピードアップ、プロセスの簡便化が図られることでメリットがある。その一方で、以前は編集スタッフの目を通してからの投稿論文手続きが、たんなるオンライン上での自動処理となった部分も登場してきた。これでは、ずさんな論文が投稿されても、見抜きにくい。とくに、画像処理技術の向上により、悪質な捏造論文が増えているから、事態は深刻であり、STAP論文事件のみならず世界的な問題である。

オンライン査読システムを導入しつつも、捏造がないかを確認するスタッフを雇用し始めた学術ジャーナルもある。捏造防止や捏造論文出版の未然防止に向けて、査読システムも発展途上だということがわかる。

### ■ 『ネイチャー』の出版体制の今後

STAP論文を掲載した学術ジャーナルの『ネイチャー』誌は、ご存知の通り、『サイエンス』誌と並び世界でトップのジャーナルである。『ネイチャー』誌のインパクトファクターは41.577（最新の2018年の値）。そのような権威的ジャーナルにおいて、なぜSTAP論文のような捏造論文が出版されてしまったのか。査読審査体制、出版社の商業主義、実験画像の処理技術が進歩することで捏造が見分け難くなった、以上3つが主に指摘されている。

『ネイチャー』は、ほかの学術ジャーナルと違う査読審査体制をとっている。『ネイチャー』を運営するNature Publishing Groupの社内に編集委員会をもち、その編集委員はフルタイムで『ネイチャー』の査読にたずさわっている。『ネイチャー』のウエブサイトや冊子を参照すれば、編集委員会の名簿にアクセスできる。

たいていの学術ジャーナルは、それぞれに編集長と編集委員から構成される「編集委員会」（Editorial Board）があり、それは版元の出版社とは独立した運営体制をとっている。ジャーナルの購読や売り上げ、閲覧のデー

タなど、ビジネス面は出版社が責任を持ち、他方で編集方針や査読審査の中身といったジャーナルの科学的なクオリティコントロールは編集委員会が責任を持つ。年に1回、定期的に開催される会合で出版社と編集委員会が意見を交わし、体制を確認・調整する。

通常の学術ジャーナルよりも、編集委員会の編集委員が査読にリソースをさくことができるメリットがある一方で、社内でビジネス優先の戦略が打ち出されたときに、どこまでそういった戦略に陥らずに科学的公正さを守れるかという点で、他のジャーナルの体制よりも弱さがある、という見方もできるかもしれない。そこが、「『ネイチャー』の商業主義」と批判をうけるポイントではある。

だが「話題性のために、STAP論文を掲載した」という意見もあった。『ネイチャー』はこれまで、先見性のもと新しい分野の論文を数多く出版してきた。ヒトゲノム計画のフランシス・コリンズとクレーグ・ベンターの2つのチームがほぼ同日にヒトゲノムマップを『サイエンス』と『ネイチャー』で出版したように、査読審査も通常の投稿受付だけではない柔軟なプロセスがこれまでもあったことは否定できない。これらはすべて『ネイチャー』や『サイエンス』の編集長や編集委員会がとってきたリーダーシップの結果といえよう。

査読審査での捏造を見抜くためには、審査をするレフェリーが論理展開に違和感を覚えたり、不適切な画像を見つけたりする必要がある。だが、実際のところ捏造の発見は、並大抵のことではないだろう。STAP論文に限らず、世界でいま、捏造は残念ながら減るようにはなっていない。

それを野放しにしておくわけにはいかない。大学・研究機関が捏造防止に努めていくのと同様に、査読審査のような学術出版の現場でも捏造防止の体制を築いて行く必要がある。たとえば論文のオンライン投稿時に「捏造をしていません、捏造発覚したらペナルティをうけいれます」と承諾ボタンを押すような手続きをとるようにしても良いだろう。以下、『ネイチャー』をはじめとした、学術論文出版にまつわる諸問題を示す。

### ①オープンアクセス化の動き

インターネットでの論文閲覧技術が開発されるのに並行して、論文のオープンアクセス化、すなわち論文の無料電子閲覧化がこの15年で大きく進んだ。国民の納税から成り立っている研究の成果は、国民が閲覧できるようにすべきだとの声、商業出版社ばかりが利潤を生み出しているという指摘、欧米で積極的に実施されているオープンアクセス制度化推進の政策。これらがグローバルな規模でオープンアクセスを進めてきた。

一方で、オープンアクセス化にはメリットとデメリットの両方がある。理由は、論文が無料閲覧になっても、ジャーナルの論文の編集制作費は無料ではないことがその理由である。編集会議運営費、マネジメント役や制作者の人件費、ネット上で論文の電子閲覧をするプラットフォームの維持費などは必ずかかるが、オープンアクセスにした際の最も望ましいビジネスモデルが長らく模索されたままだ。

専門家は、電子閲覧論文の体裁の主流がPDFであることにも疑問をなげかけている。PDFは、「紙のジャーナルが電子でも読める」という概念であり、今後は、電子閲覧のための体裁が開発されていく兆しもある。そうすれば、出版社の制作費が削減でき、電子閲覧の論文がもっと閲覧しやすくアクセスしやすくなるかもしれないという。

これを受けて、ネイチャー社は、データ専門の出版に特化したジャーナル*Scientific Data*を創刊してきている。論文の本文よりもデータをメインで出版していく学術出版という、新しい出版スタイルだ。今後も、いろいろな動きが期待されている。

### ②SNS時代における論文出版の行方

今回のSTAP事件では、伝統的メディアと呼ばれる新聞・TVのマスコミよりも、匿名で発信されはじめたSNSから捏造が暴かれ、真実の追求が始まっていったことが特徴として指摘された。インターネット上の情報がまずあり、それが確実な情報かどうか伝統的メディアが裏を取る。そして記者会見で改めて聞く、というスタイルが印象的であった。

STAP事件よりも数年ほど前の東日本大震災では、もろもろの意見があ

っても最終的には伝統的メディアが最も信頼のおける情報源として一般市民がとらえていた、という研究結果が報告されていた。そのような背景から、今回のSTAP事件は、災害報道と論文捏造報道の比較という意味でも、一次情報や信頼のおける情報源のありかたを改めて見つめ直す機会にもなった。

### ③論文撤回の流れは妥当だったのか

　元学術出版社編集者の筆者として危惧したのは、論文撤回の流れが本来の編集委員会の仕組みから逸脱していたことだった。SNSやマスコミからの圧力により、『ネイチャー』編集部が2014年7月に論文撤回を発表したが、撤回を急ぎすぎたようにも思う。それが、『ネイチャー』の編集委員会や出版元の権威を萎縮させるもととなり、批判がますます大きくなったといえなくもない。

　通常、論文撤回をするならば、研究者コミュニティから『ネイチャー』編集部へ異議を唱える連絡をとることから始まる。それを受けて、編集委員会で話し合われて、出版社もジャーナル運営の立場から発表のタイミングなどのアドバイスをし、結論が下る。

　つまり、論文撤回するかどうかも「編集委員会の査読対象」なのだが、そのような手続きを踏まなかったのは、日本国内の世論に屈する形で撤回があったのではないか、と私は思う。SNSやマスコミが、どこまで査読審査に関わるべきか、できるのか、という問題は今後もっと議論されるべきである。

　さて、『ネイチャー』は、学術ジャーナルの編集を出版社内で行っている。その一方で、ニュース欄では科学ジャーナリズムを独立して遂行しようと試みている。『ネイチャーアジア』の記事で「Natureニュース・コメントチームと研究論文の編集チームは、編集体制が独立している」と述べているように、自社が出版する学術ジャーナルを、自社の科学ジャーナリストが調査報道する形式がとられた。これは、世界トップジャーナルの発信媒体としてのプライドを見せたとも見ることができる。

　論文のオンライン化とオープンアクセス（無料閲覧）が進んだこの15年、

学術ジャーナルの出版事業は新しいビジネスモデルが次々と生まれているが、どの企業も模索がつづいている。

## 学術論文はどうあるべきか

「書き手としての科学者」のことを筆者はこの５年間に執筆テーマとし、科学者が執筆するうえでの発想力や執筆技術、そして論文捏造の起こる理由を考えつづけてきた。人類史上、大昔から書物の捏造はあったかもしれない。しかし、21世紀の論文捏造事件で顕著なのは、その社会的影響の大きさである。万が一、捏造データがインパクトのある学術誌で出版されてしまうと、多方面からの期待を裏切るがゆえに大きな社会的損失を招きかねない。それゆえ、現代の社会問題の一つとなっている。

STAP事件発覚後、日本全体の研究機関において倫理規定が厳しくなった。それにもかかわらず、論文にまつわる研究不正問題が後を絶たない。信頼されるべき専門家の「科学者」が捏造論文によって嘘をついてしまうことは、科学界以外の企業などにおいても、嘘や虚偽が蔓延していくのを助長しかねない。

そもそも学術論文とは、専門家が丹精込めて手がけ学術コミュニティと社会に向けて出版されるものである。社会活動の礎となるような基礎科学データであり、医学における臨床治療や、社会問題の解決など、様々な判断基準の根拠となるものである。それが嘘の内容であるならば、嘘のもとで社会活動や医療行為がおこなわれてしまい、活動者や患者へ被害が生じかねないから、責任重大である。捏造は防がなければならない。

捏造の発生率をゼロパーセントにするのは、不可能に近い。それは、犯罪率をゼロパーセントにしようとする考え方に似ている。しかし、論文捏造を減らすことができないのか、議論したり、仕組みを改善したりすることはできる。

文献

牧野賢治『背信の科学者たち』講談社、2014。
山崎茂明『科学者の不正行為』丸善、2002。
"Stimlus-triggered fate conversion of somatic cells into pluripotency", *Nature* (Retreived July 31, 2019), http://www.nature.com/nature/journal/v505/n7485/full/nature12968.html
田中智之、小出隆規、安井裕之『科学者の研究倫理――化学・ライフサイエンスを中心に』東京化学同人、2018。
村松秀『論文捏造』中公新書ラクレ、2006。
須田桃子『捏造の科学者』文藝春秋、2014。
早稲田大学における博士学位論文の取り扱いについて：https://www.waseda.jp/top/information/34191
Estimating the reproducibility of psychological science：http://www.sciencemag.org/content/349/6251/aac4716.abstract
Physics paper sets record with more than 5,000：http://www.nature.com/news/physics-paper-sets-record-with-more-than-5-000-authors-1.17567
STAP細胞の小保方研究員に「研究不正行為」の判断が下る：http://www.natureasia.com/ja-jp/nature/specials/contents/stem-cells/id/news-news-140401
舘野佐保「論文捏造防止マニュアルとブダペスト宣言」、『化学』、化学同人。

第 2 部

研究不正と歪んだ科学

# 第4章　バイオ産業と研究不正

## STAP細胞と利益相反問題

　STAP細胞問題は理研という基礎研究の世界的トップ機関およびトップサイエンティストたちの関与のためか、主に基礎科学の文脈で語られることが多いようだ。しかし、いくら世間を騒がせたとはいえ、たった一本の論文で、理研の「特定国立研究開発法人」認定が先送りされ、それどころか機関の解体まで取りざたされるとは、常識的にはちょっと極端な対応にも見える。しかし、少し視点を変えてみれば、この事件は日本のバイオ産業が辿ってきた過去から現在までの経緯を象徴するものであり、様々な事象が絡まりあった巨大な結節点であることが見えてくる。それは同時に、日本のバイオの未来を暗示するものでもあり、決して個人の捏造問題に留まるものではない。

　ここではSTAP細胞事件で一気に白日の下にさらされた、バイオ産業の構造的問題について述べてみたい。

### 「利益相反」とは

　STAP細胞とバイオ産業という観点では、小保方晴子氏および大和雅之氏が同じく著者となっている2011年の『ネイチャー・プロトコル』論文についても指摘がある。

Reproducible subcutaneous transplantation of cell sheets into recipient mice（レシピエントマウスへの細胞シートの再現可能な皮下移植、http://www.nature.com/nprot/journal/v6/n7/full/nprot.2011.356.html）

　この論文は皮膚や角膜の再生において重要と考えられる細胞シート作製

に関するものだが、その技術はそのまま、バイオベンチャー・セルシード社の基幹技術のひとつであり、同社の論文紹介にも挙げられている（http://www.cellseed.com/technology/004.html）。

　セルシード社は2001年、ファルマシアバイオテクの長谷川幸雄氏と東京女子医科大学教授の岡野光男氏によって創業された再生医療関連事業を専門とするバイオベンチャーだ。日本のハイテクバイオベンチャーの先駆けとして、大阪大学のアンジェスMGなどと共にメディアに取り上げられることも多い[*1]。セルシードは角膜再生技術を開発しているほか、再生医療研究支援として温度によって細胞親和性の変化する培養ディッシュをすでに販売しており、技術と戦略を兼ね備えたバイオベンチャーとして期待されている（ただし角膜再生技術に関しての欧州で販売承認申請は2013年に取り下げられている）。

　この『ネイチャー・プロトコル』論文ではセルシードの岡野氏、シート技術開発者で株主の東京女子医科大学・大和雅之教授が共著者となっている。それ自体は何の問題もない。しかし、学術論文において企業の技術や製品をあつかう場合、「利益相反」の疑いが生じる。「利益相反」とはConflict of Interest（COI）の訳だが、日本語ではやや勘違いしやすい概念といえる。Conflictは競合、衝突、対立、葛藤のような意味合いを持ち、必ずしも「相反」ではない。重要なことは、関係者が複数の異なる利害関係にある場合、本人が意図するせざるに関わらず、また実際に結果として現れるかどうかに関わらず、行動や言動が利害関係に影響するおそれがある、ということだ。したがって、ある企業の製品や技術に関する論文の著者にその企業関係者がいる場合、そのことを「利益相反情報」として論文に記載しなくてはならない。

　ところがこの論文で利益相反情報を記載する箇所「Competing financial interests（利益相反事項）」には"The authors declare no competing financial interests.（著者には利益相反事項はない）"と宣言されている。これでは公開すべき利益相反情報を公開していないと言われても否定できない。ちなみに『ネイチャー』論文に関しても、米国に出願しているSTAP細胞特許との関連で利益相反の疑いや、論文発表によりセルシード株が高

騰し売り抜けが行われた疑いなどの指摘もあるが、これらは現時点ではグレーな領域であり、ここでは具体的な内容にまでは踏み込まない。
　くり返すが、実際の不正行為、あるいは具体的な影響があるなしに関わらず、「利益相反に関する情報」は記載しなくてはならない。なぜなら、利益相反関係にある本人がいくら「問題ない」といっても、それ自体が利害関係に影響された見解であるかもしれないからだ。実際に問題があるかないかは、利益相反情報に基づいて第三者が検討してはじめて判断できることであって、利益相反関係の中にいる人物は結論を出すことはできない。たとえば、米スタンフォード大学の利益相反規定は以下のようになっている。

> **利益相反の一般原則**
> 利益相反は、個人の私的利益と大学に対する職業的義務との間に生じるもので、個人の職業的な行動や決定が、個人の金銭的利益等を考慮してなされたと、観察者が当然に疑問に持つようなことである。利益相反は、個人の性格や行動に帰するものではなく、状況による。（新谷由紀子、菊本虔「産学連携における利益相反ルールの形成に関する実証的研究」2005より）[*2]

　当人がどう考えるかではなく、外から見てその疑いが生じる状況であるかどうか、ということが問題なのだ。この点は特に勘違いしやすいので注意が必要である。
　もちろん、利益相反状況が少しでもあればすべてアウト、というわけではない。利益相反情報が適切に公開されていれば、研究にせよビジネスにせよ、特に問題なく進められることも多い。
　ただし、場合によっては利益相反はきわめて重大な問題を引き起こす。

### ■ 公表されない「利益相反情報」

　近年では、ノバルティスファーマ社の高血圧治療薬「ディオバン」の臨床研究事件が記憶に新しい。
　ノバルティスファーマは高血圧治療薬ディオバンの臨床研究を日本では

第4章　バイオ産業と研究不正　91

京都府立医科大学、慈恵医科大学、滋賀医科大学、千葉大学、名古屋大学の5大学と共同で行ったが、これら複数の研究論文におけるデータに疑義が申し立てられた。またこれらの論文においてノバルティスファーマの社員が著者として参加していながら、利益相反情報を公表していなかった。

この場合はデータそのものに疑義が申し立てられた後に、利益相反が明らかになったわけだが、この時点ではこれらの臨床研究の結果は広く公知されており、その結果に基づいて多くの取引や治療行為がなされたと考えられる。利益相反情報が先に出されていれば、研究の解釈にも一定の留保があっただろう。

この他にも、現在HPVワクチン関連神経免疫異常症候群（HPV vaccine-associated neuroimmunopathic syndrome, HANS：ハンス）と呼ばれる副反応問題で話題になっている子宮頸がんワクチンにもすでに数々の利益相反問題が明らかになっている。

厚労省の「ヒトパピローマウイルス（HPV）ワクチン作業チーム報告書」にも引用され定期接種の根拠ともなった費用対効果に関する論文では、グラクソスミスクラインの社員が身分を隠して著者となっており、また審議会委員の7割に関連企業からの金銭受領があることも報告された。推進活動を行う医師らの任意団体「子宮頸がん征圧をめざす専門家会議」は関連企業から7000万円以上の資金提供を受けていたが、公表されていなかった[*3,4]。岩谷澄香は「わが国におけるHPVワクチン副反応続出の要因に関する研究」において、各国の副反応の捉え方や報告システムに統一性がなく、国内での十分な治験なしで導入に踏み切ったことが大規模な副反応問題につながった可能性を指摘している。さらに、チェックや見通しの甘さにこれらの利益相反問題が影響している可能性もある[*5]。

他分野でもたとえば原子力規制委員会委員に原子力事業者から多額の寄付金があった問題など、日本の利益相反に対する姿勢の甘さを示す状況が次々と発覚しており、STAP細胞問題のみならず、日本の医薬および科学技術政策における世界的な信用を毀損しかねない事態となっている。

先に紹介したスタンフォード大の利益相反規定は1994年のものだが、米国では利益相反問題についての議論は古く、1964年には米国大学教授協会

協議会および米国教育協議会が政府後援の研究の利益相反防止について声明を発表しており、のちの多くの利益相反規定の基礎となった。米国で公金による研究であっても大学や研究者が特許を取ることを認めたバイ・ドール法が制定されるのは1980年だが、それに十数年先んじて利益相反に関する議論が自発的に行われていることに、米国アカデミアの強い自治意識が現れているといえるだろう。

とはいえ、米国では利益相反問題が存在しないわけではない。というより、歴史的に多くの問題に直面してきたからこそ、厳しい視点も同時に育ってきたというのが適切だろう。それは今後、日本の状況に対しても向けられるのはまちがいない。

## 医薬品産業の栄枯盛衰

ここで、現在の問題に連なる医薬品・バイオ産業の歴史と問題点を整理しておこう。

### ブロックバスターの登場

2017年には世界の医薬品市場規模のダントツトップは米国市場で、4割近くを占めている。2003年の45%からは少々減少したとはいえ、それは新興国の伸びのためであり、市場そのものは2003年の2195億ドルから2017年の4446億ドルへと大きく成長しており、依然世界の医薬品市場をけん引しているといえる。安倍政権では経済対策の「三本目の矢」として医療分野を掲げており、独立行政法人日本医療研究開発機構（日本版NIH）の創設および医薬品・医療機器開発・再生医療研究の加速をうたい、TPP（環太平洋パートナーシップ協定）では医療分野の規制撤廃を目指す、混合医療を導入するなど、米国的な医薬品産業化に向かっているといってよいだろう。では日本が目指す米国的医薬品市場とはいったいどういうものなのだろうか。

じつは、米国においても、医薬品市場がこれほど巨大化したのはそれほど古い話ではない。100億ドル以下だった医薬品市場規模が2000億ドルを

超えるようになったのは1980年代から90年代にかけてであり、ごく短期間に巨大市場へと成長したといえる。この間になにがあったのか。

科学的には、分子生物学を基盤とするバイオテクノロジーの勃興、多数の化合物を同時に制御するコンビナトリアル・ケミストリーとIT技術の発達による研究開発の高速化である。これによって人の手でやれば何百年もかかろうかという大量の化合物を製造し、細胞や蛋白質を用いて機械的にテストできるようになった。これをハイスループット・スクリーニングともいう。

政治的には米国レーガン政権下でのバイ・ドール法や特許期間延長の枠組みを作ったハッチ・ワックスマン法など産学官の連携を強めた法律群の成立である。80年のバイ・ドール法によって大学は特許収入という新たな資金調達法を手に入れ、また企業も大学の知的資源を積極的に利用できるようになった。また84年のハッチ・ワックスマン法をはじめ、製薬企業の独占的・排他的販売権を保護する法律が相次いで成立し、企業利益を法的にも強固なものとした。これら産、学、官の結びつきは製薬企業をかつてないほど強力な存在に変えてしまう。企業側も、大学や政府への働きかけが力の源泉であることを認識し、ロビイング活動を強めていく。

そして90年代、リピトール（コレステロール低下薬）、ディオバン（高血圧治療薬）、プラビックス（抗血小板薬）等、年商10億ドルを超える「ブロックバスター」と呼ばれる大型新薬が相次いで生まれ、また企業自体も大型合併をくりかえし、ビッグ・ファーマ、メガ・ファーマ時代へと突入することとなった。

医薬品の市場規模も順調に伸び、画期的新薬が次々に生まれてきたようにみえる製薬業界。しかし、企業には合併はある程度付き物とはいえ、大企業同士がこれほど合併や買収をくりかえす業界は他にはあまり見当たらない。なぜ製薬企業には買収や合併が多いのか？　これには業界に特有の問題が存在する。

まず、製薬企業の好調を支えた「ブロックバスター」の存在そのものがあげられる。ブロックバスターに明確な定義はないが、その製品ひとつで年商10億ドル以上のものを指すことが多い。もっとも有名なのはファイザ

一社の高脂血症治療薬リピトールだろう。90年代に登場したこの薬は全盛期には年商136億ドル以上にもなり、ファイザー社の売り上げの約1/3をたたき出していたといわれている。まさにブロックバスターの代表格だが、このリピトールを開発したのは意外にもファイザー社自身ではない。リピトールはもともと、ワーナー・ランバート社が開発し、1997年に発売を開始した高脂血症治療薬だ。あれよあれよという間に大ヒットを記録し、2年後には40億ドルを計上するようになる。これにまず目をつけたのがアメリカン・ホーム・プロダクツ社で、99年に合併を発表するところまで行きながら、急遽ファイザーが横やりをいれ、敵対的買収により892億ドルという巨額でワーナー・ランバート社を無理やり傘下に入れてしまう。たった一つの薬剤が、企業そのものを食ってしまったわけだ。

### 「ファイザーモデル」とその後

　この騒動はブロックバスターの威力を世界に示すとともに、製薬企業の経営戦略に火をつけた。開発、合併、買収、手段を問わず、「ブロックバスターを手に入れること」が至上命題になってしまったのだ。ブロックバスターひとつで、企業の命運が決まってしまう。こういったやり方は一種の悪名として、「ファイザーモデル」ともよばれている。他の産業にもそれぞれヒット商品は存在するが、ここまで極端なケースはそうそうない。医薬品の場合は製品に特許など独占的・排他的な保護がかかっていることが、問題を難しくしている。保護されている間、他社は同等品に手を出すのが難しく、どうしてもブロックバスターが欲しいときには相手企業ごと買収・合併することになってしまうのだ[*6]。

　こうして怪物のような新薬を手に入れた製薬企業だが、すぐに大きな問題がやってきた。新薬が生まれなくなったのだ。市場は膨れ上がり、研究開発費も増えた。にもかかわらず、新薬が出る頻度は加速度的に減り始めた。たとえばファイザー社は2003年には時価総額2660億ドルにのぼり、マイクロソフト・GEに続く世界第三位に達した。製薬企業としてはもちろん世界ナンバーワンだ。ところが、毎年数十億ドルの研究開発費を計上しながらも、ファイザー社自身が一から開発した新薬は1998年以来出ていな

いという。将来をかけた脂質降下の大型新薬トルセトラピブも、臨床試験で失敗し、頓挫した。

なぜこんなことが起こったのか？

ひとつは、あまりに急激に創薬システムが効率化したため、採りやすい果実はすでに採りつくしてしまった、ということが考えられる。発達したコンビナトリアル・ケミストリー（自動化と組み合わせ論にもとづいた効率的な合成方法）により、製薬企業は何百万という種類の化合物を集めた「ライブラリー」と呼ばれるストックを持つようになった。これをひとつひとつ研究していては何百年かかるかわからないが、ITとバイオテクノロジーの発達により自動化と高速化を実現したハイスループット・スクリーニングでは、あっという間に細胞に対する効果を確認することが可能だ。

そうはいっても何百万種類もあるなら、もっとたくさん薬ができるはず、と思うかもしれない。しかし、問題は薬の良し悪しを決めるのは技術ではなく、あくまでも生物側、最終的には人体のほうだということだ。分子や細胞のレベルで理論的にいかにすぐれた効果が期待できても、人体に投与した際に重篤な副作用が出れば薬にはならない。そのような制限があるため、実際に使用できる化合物は理論的に考えるよりも相当に少ないのだ。高速化したシステムは、すでにその大部分を採りつくしてしまったのではないか？　実際、米国FDA（米国食品医薬品局）によると、1986年から2004年にかけて、臨床試験にまで進んだ化合物の数は1992年をピークに、ほとんど変化していない。

もうひとつは、製薬企業自身の巨大化のためだ。たとえば患者数が1億人いる病気であれ、1000人しかいない病気であれ、創薬のコストや手間暇はそれほど変わらない。であれば、巨大化したビッグ・ファーマを支えるには、患者数の多い病気に対する薬をつくりがちになる。そこで高脂血症や高血圧など、すそ野の広い同じような病気に対してビッグ・ファーマの関心が集中し、重要な化合物をあっという間に刈りつくしてしまったというわけだ。実際にブロックバスターとして知られる薬にはリピトール（高脂血症治療薬）ディオバン（降圧剤）、クレストール（高脂血症治療薬）、プラビックス（抗血小板剤）など、生活習慣病や慢性疾患に関するものが多か

った。

### ≡ 医薬品の「2010年問題」

　そして、このブロックバスターモデルが完全に裏目に出たのが、医薬品の「2010年問題」と呼ばれる特許切れだ。製薬企業がブロックバスターを独占的に販売できるのは、おもに特許によって守られているからだが、特許には有効期限が存在し、いつかは効力を失う。その瞬間、他企業が一斉に同等の化合物を販売し始める。いわゆるジェネリック医薬だ。医薬品化合物は研究開発には膨大なコストと時間がかかるが、いったん構造が決まれば生産自体はそれほど難しくなく、低コストで参入できる。同じ構造の化合物なら、理論上はどの企業がつくろうとそれほどの差はないため、特許の切れた化合物では差別化は難しく、低価格競争が始まる。消費者にとってはいいことだが、ブロックバスターに頼るビッグ・ファーマにとっては頭が痛い。

　それでも次々と新たなブロックバスターが出ていれば問題はないのだが、先に述べたようにブロックバスター新薬の開発は壁にぶつかってしまっている。2010年前後の特許切れはファイザーのリピトール（コレステロール低下薬）2011年、バイアグラ（勃起不全治療薬）2012年、メルクのコザール（高血圧治療薬）2010年、シングレア（抗アレルギー薬）2012年、グラクソスミスクラインのパキシル（抗うつ薬）2010年、エーザイのアリセプト（認知症治療薬）2010年、武田のアクトス（糖尿病治療薬）2011年など、各社主力級の製品が並んでいる。

　もちろんすぐにこれらが売れなくなるわけではないが、同等の商品が安く出回ったとき、売り上げがどれだけ失われるのか。一般に米国では特許切れの後発品販売によって先発品は7割近い市場を失うと言われている。とはいえ、現時点でこれらはすでに特許切れを迎えている。

　どうなったのか。実際にリピトールも特許切れ以降の1か月だけで10%近く売り上げを落とし、関係者を震え上がらせた。ファイザーもさすがに黙ってはおらず、薬剤給付管理会社との提携、患者への割引などを行って市場シェアの保持を狙った。しかしそういった必死の対応にも関わらず、

2012年度のリピトール売り上げは50億ドル程度と、未だブロックバスターの範疇ではあるものの、最盛期の年100億ドル以上から見ればあっという間に半分の市場を失ったかたちになる[*7]。

これらの経緯からわかるように、ブロックバスターモデルは、途切れなく有望な新薬が開発されてはじめて成立するといえる。しかし、その前提が崩れてしまった今、製薬企業あるいは医薬品産業は、どのような戦略をとろうとしているのか？

大きく分けて、二つの方向性がある。ひとつは、新たな技術によって医薬品を開発する方針。もうひとつは、画期的新薬が出なくても利益を確保する方針だ。もちろんそれぞれ相反するわけではなく、互いに重なりつつ、次のビジネスモデルを模索しているといってよいだろう。ではこれらの道はどのようなものか、順に見ていこう。

## バイオベンチャー、苦難の道

まず新たな技術による医薬品、これは比較的わかりやすい。なんといってもまず思い浮かぶのはバイオベンチャーへの期待だ。

### 米国のバイオベンチャーの歴史

ただ、日本と米国ではバイオベンチャーのとらえ方は相当に異なっている点には注意が必要だ。日本では米国並に成功したバイオベンチャーというものはいまだ存在しないが、米国のバイオベンチャーは1980年代から存在感を発揮しており、すでに40年以上の歴史と経験を積み重ねている。米国のバイオベンチャーの歴史は、1976年のジェネンテック設立に始まるといってよいだろう。ジェネンテックは遺伝子工学の成果をビジネスに持ち込んだ最初の企業であり、かつその後のバイオベンチャーが目指すべく大成功を収めたバイオベンチャー第一世代のモデルなのだ。80年にIPO（新規株式公開）を果たしたジェネンテックは、その時点でひとつの商品も持っていなかったにも関わらず、瞬く間に3800万ドルを調達することに成功した。こう聞いただけで、いわゆるバイオベンチャーのサクセスストーリ

一の典型例ということがわかる。ただ、わかりやすい成功体験であるがゆえに、このイメージはその後のバイオベンチャーへの呪縛にもなっている。

ジェネンテックの軌跡は、日本で考える「バイオベンチャー」そのものだ。大学の基礎研究で発見された遺伝子組換え技術に対し、パテント（特許）を押さえる。あるのは技術と、ほんの数人の研究者あがりの社員たちのみ。しかし技術とパテントを武器に、製薬企業と委託契約を結び、研究成果を提供していく。また株式上場で巨額の資金を得て、研究を進める。大きな製薬工場など持たなくても、バイオベンチャーというビジネスが成立するということ、その基盤は大学の基礎研究からも生み出せること、ジェネンテックはこれらを立派に実証してみせたわけだ。

またジェネンテックが開発したのは、いわゆる生物学的製剤、またはバイオ医薬品と呼ばれる新たな薬物形態だった。従来の製薬企業による低分子化学物質ではなく、遺伝子組換えによって作成された蛋白質による医薬品のことだ。たとえばインスリンはその典型例だ。

いうまでもなくインスリンは糖尿病治療に必須の薬物で、1921年バンティングとベストらによる発見によってどれだけ多くの人命が救われたかわからないほどだ。しかし低分子化学物質でないインスリンは、化学的合成によって作製することが難しく、初期はおもにウシの膵臓から抽出したウシインスリンを人に対して使っていた。しかし抽出されたウシのインスリンでは純度も低く、重篤なアレルギー反応という副作用があるうえ、ウシインスリンに対する抗体ができてしまうこともあった。そこでノボ社の研究者らはブタインスリンを酵素転換法によってヒトインスリン化することに成功した。これによってアレルギー等の問題は大きく減ったものの、糖尿病治療に用いる患者一人の一年分のインスリンを合成するためには数十頭のブタを必要とし、治療のための絶対量はまったく不足していた。

ここで登場するのが、バイオベンチャーの元祖ともいえるジェネンテック社である。ジェネンテックの設立は1976年。遺伝子組換え技術をビジネスにした最初のベンチャー企業だ。70年代、意外に早いと思われるかもしれない。米国のバイオベンチャーの歴史は日本でのイメージよりも大分長く、すでに40年以上の蓄積を持っていることになる。ジェネンテックは

1978年に大腸菌への遺伝子組換えによってヒトインスリンを作製する「プロインスリン法」を開発し、続いて1980年に数分間で3800万ドルという巨額に達した劇的なIPOを果たす[*8]。

### ▤ バイオベンチャージェネンテック

　ジェネンテックは遺伝子組換え技術を武器にイーライリリー社との契約にこぎつけ、イーライリリーを通じて1983年には遺伝子組換えによるヒトインスリン製剤「ヒューマリン」を発売する。この、これまでの動物からの抽出ではなく、大腸菌からほぼ無尽蔵に生産されるヒトインスリン製剤によって、糖尿病治療は第二の革命を迎えたといえる。ジェネンテックはその後もプラスミノーゲン活性化因子、インターフェロンγ、成長ホルモンなどの生理活性物質、さらには抗体を標的蛋白質に結合させるという新たな機序の「抗体医薬」まで、遺伝子組換え技術を応用して次々と作製していく。

　ここまでのジェネンテックの歴史は、映画に出てくるようなまさにバイオベンチャーの典型的サクセスストーリーそのものだ。

　ジェネンテックの功績はきわめて大きいが、主に5つの要素に分けることができる。

　　①大学の基礎研究から生まれた技術で起業し、
　　②その技術をもとに株式市場で巨額の資金調達を成功させ、
　　③大企業とのライセンス契約によって製品化を行い、市場に出し、
　　④またバイオ医薬品（生物学的製剤）という新たな医薬分野を開拓し、
　　⑤この成功によって、バイオベンチャーに関するモデル、人材、システムなどの蓄積が始まった、

ということだ。

　すなわち日本でいまだ成功のないサイクルが、米国ではすでに40年以上前から始まっているということになる。バイ・ドール法により解き放たれた大学は、ジェネンテックをモデルとして、製品も研究所も持たなくても、

技術一本で大企業とも渡り合える、という夢を追いかけ始めた。

しかし、このように70~80年代に華々しく始まったバイオベンチャーの歴史は、決して順風満帆とはいかなかった。ジェネンテックは新たな医薬品で既存の製薬企業に対抗するというバイオベンチャーの夢を提示したが、ジェネンテック自身を含め、その夢を実現できたのは現在ではジェネンテックに続いたアムジェン一社のみだといってよいだろう。ジェネンテック自身はその後2009年に製薬大手のロシュ社に完全子会社化されており、残念ながら独立したバイオベンチャーとは呼べなくなっている。

なにが問題だったのだろうか？

まず、夢の医薬と思われたバイオ医薬品（生物学的製剤）が、どうやらそうではなかった、ということ。遺伝子組換え技術で作製される蛋白質からなるバイオ医薬品は、従来の生分子化合物よりも副作用が少ないと考えられていた。特に、ホルモンやサイトカインといった、もともとヒトの体内にある生理活性物質なら副作用の心配はほとんどないはずだった。たとえば免疫を活性化するサイトカインであるインターフェロンやインターロイキンは、がんの治療薬になるのではないかと大きな期待を寄せられていた。特にインターロイキン2は「がん治療の決定打」としてもてはやされた。ところがこれらを実際に投与してみると、効果は限られているうえに重い副作用があることがわかった。現在ではインターフェロンやインターロイキンは限定された条件でがんや肝炎の治療に用いられているが、当時の失望は大きかった[*9]。

また、同様に「魔法の弾丸」と呼ばれた抗体医薬も思ったほどうまくはいかなかった。医薬品の多くは、体内の蛋白質に結合することで薬効を発揮する。しかし狙った標的にちょうど結合する低分子化合物を見つけるのは非常に困難で、それが創薬の難しさの一つになっている。しかし「抗体」はその意味では体内の免疫細胞が生み出す自然の医薬品であって、バイオテクノロジーを使えば望みの標的に結合する望みの弾丸をいくらでも創ることができるはずだった。

確かに標的に当たる弾丸はできたのだが、実際に使ってみると標的以外にも当たることがわかり、また初期の抗体はマウスの細胞を用いて作製し

ていたため、抗体そのものに人の免疫系が反応してしまう、という副作用も生じてしまった。この問題は後にジェネンテックがマウス抗体をヒト化する技術を開発することで回避され、ハーセプチンやグリベックといった重要な分子標的薬につながったが、それでもやはり日本での承認直後から副作用による死亡例が相次いだ薬害イレッサ事件にみるように、副作用や標的への到達には問題が残り、「魔法の弾丸」にはならなかった。

### ■「ヒトゲノム計画」

バイオ医薬品へのフィーバーはいったん冷めたが、次にバイオ市場を沸かせたのは「ゲノム創薬」だ。米国エネルギー省が提唱し、NIH（米国立衛生研究所）が主導して国際チームを結成し1991年に開始された壮大な「ヒトゲノム計画」は、ヒトの全DNA配列を解読しようというもので、これによって人類は「ヒトの設計図」を手に入れることになるといわれていた。

と、この政府の一大事業に横やりを入れたものがいた。ベンチャー企業、「セレラ・ゲノミクス社」と、これを率いるクレイグ・ベンターだ。この辺はさすがというか、国家事業に正面から対抗しようとするベンチャーというのは日本ではちょっと考えられない。

ベンターは元NIHの研究者だったが、DNA解読方法に関する首脳陣との意見の相違から研究所を辞し、パーキン・エルマー社の支援のもと、ベンチャーの世界に入った。

NIH側ヒトゲノム計画のトップ、フランシス・コリンズはベンターの顔見知りであったが、セレラ・ゲノミクスの動きを警戒していた。もちろん、国家プロジェクトが1ベンチャーに敗けたとなればメンツの丸潰れだ。しかしそれ以上に重要な問題もあった。セレラ社はNIHよりも正確性は劣るが、速度の速い解読法を使おうとしていた。ベンターはDNA配列は無料で公開するというが、ベンチャーはビジネスだ。タダで済むはずがない。たとえば部分的であれ、重要な遺伝子配列に対して特許を取得したらどうなるだろうか？　その遺伝子に関する医薬品を創ろうとすれば使用料を払うはめになるかもしれない。実際その後、セレラ社は6500個もの遺伝子配

列を特許申請し、遺伝子特許に関する大論争を引き起こした。

　負けるわけにはいかないコリンズはプロジェクトの一層の加速を図った。その甲斐あって染色体地図は1993年に早くも完成。セレラ社は1998年には解読を表明したが、詳細は明かされなかった。

　2001年にはNIH-国際チームとセレラ社が共にヒトゲノム配列概要版を発表し、双方のメンツは保たれた。最終的には、2003年にヒトゲノムの解読完了が正式に宣言され、人類は「ヒトの設計図」を手に入れたことになった。

　セレラ社をはじめ、インサイト社、ミレニアム社、ヒューマンゲノム社などはこれらのゲノム配列から有望遺伝子を見いだしてデータベースを作製し、あるいは特許を押さえるといったビジネスを展開した。これによって、様々な病気のメカニズムや治療法が一気に解明されるはずだった。

　ところが、今度も予想は外れた。

　当初10万個以上あると予想されていたヒトの遺伝子は、実際には2万3000個程度しか存在しなかった。これはウニの遺伝子数とほぼ同じであり、イネの3万2000個よりもずっと少ない数字である。ウニよりずっと複雑なはずのヒトが、なぜ同じくらいの遺伝子数で構成されているのだろうか？

　このことは、一つの遺伝子が複数の機能を持つ、また逆に複数の遺伝子が組み合わさってより複雑な機能を発揮する可能性を示していた。つまり、一つの遺伝子の配列や機能がわかっても、それがヒトの生理的な機能を直接あらわすとはかぎらない、ということだ。

　もちろんゲノム配列の解読は科学的に現代最高の成果のひとつであるし、ここから得られた知識、得られる知識は膨大だ。長い目で見れば、医薬に対する貢献ははかり知れないだろう。しかし残念ながら、医薬品の開発がゲノム解読によって劇的に進むということはやはりなかった。

　たとえば、ハーバードビジネススクールのゲイリー・P・ピサノ氏の分析では、1975～2004年度の米国の上場済みバイオベンチャーの財務成績から、利益のほとんどはすでに大企業となったアムジェンがたたき出しており、そのアムジェンを除けば全体としては一貫して赤字を垂れ流している結果になるという。

### ≡なぜバイオベンチャーはうまくいかないか

くりかえすがこれは上場済みのバイオベンチャーでの結果であり、成功しているはずの企業を集めてさえもこうなるという状況の厳しさを物語っている。また氏によれば、大手製薬会社とこれらバイオ企業において、開発した新規分子化合物一個当たりの開発コストはほとんど変わらないという。もちろん医薬品の開発を効率だけで語ることはできないが、少なくともバイオベンチャーで夢の景気回復を、というのはあまり現実的ではないようだ。

バイオテクノロジーやゲノム科学がこの数十年で急激に発展したことは疑いがない。新しい発見があるたびに、バイオ市場はフィーバーしてきた。にもかかわらず、なぜ医薬品は生まれず、バイオベンチャーはうまくいかないのだろうか？

その最大の理由は、先に書いたことにも通じるが、医薬品が人間の肉体との相互作用ではじめて機能を発揮する、という点にある。

これはたとえばIT産業と比較してみるとわかりやすい。

新たなソフトウェアや新たな装置が開発されたとき、その機能はあらかじめわかっている。そのように開発したのだから当たり前だが、これが医薬品には当てはまらない。もちろん、「そのように機能して欲しい」という狙いや目的を込めて開発するわけだが、それが正しいかどうかは臨床試験をして初めて判明することなのだ。

また、IT産業では新たなソフトや装置を実装しようとする際、プラットフォームとなる装置やハードウェアそのものを更新することができる。PCや携帯はOSが変わるたびに新機種が出るし、10年前の装置に最新のソフトを入れようなどと、今時誰も考えない。

ところが医薬品の場合、相手にしているのはもう何万年も機種変更しておらず、かつその内部構造すらよく分かっていないブラックボックスの人体という装置だ。しかもやっかいなことに、人体は個人個人で微妙に違ってすらいる。医薬品というのは不具合が生じたそういう人体に対して、手探りでソフトウェアをインストールして治そうとするようなもので、下手をすると逆に壊してしまう。

コンビナトリアル・ケミストリーにしろ、バイオ医薬品にしろ、ヒトゲノムにしろ、創薬の入り口に当たるところの技術はとてつもなく発達し、選択肢も膨大になった。しかし出口を決める人体はその間、なにも変わっていない。精妙なバランスで成立する人体では、技術が強力であればあるほど副作用も強力になり、医薬品には適さないかもしれない。治そうとする人体そのものがボトルネックになっている、というのが創薬技術の現実なのだ。

　もちろん、人体や病気そのものの研究も進んだ。たとえばHIVは分子生物学の進歩とともに原因やメカニズムが明らかになり、プロテアーゼ阻害剤など治療法の開発は格段の進歩を遂げた。プラセボ（偽薬）を用いた臨床試験や薬価の問題はあったものの、患者団体の運動の成果もあり、やがて完治は難しくとも共存して生きることが可能な病気にまでなった。

　これはバイオ研究と医薬品開発の大きな成果といってよい。

　一方、投入したコストや労力に対して、得られたものがいまだ十分とは言えない分野もある。たとえば、「がん」だ。

　米国ではニクソン大統領は1971年に国家がん対策法を制定、現在までに推定500億ドル以上をがんの公的研究に注ぎ込んでいる。その成果は？確かにがん研究の論文は毎年とても読み切れないほど出版される。抗がん剤も多数販売され、巨大な市場を形成している。しかし、1930年以来、米国での死因の第2位は依然として悪性新生物、つまり「がん」である。それどころか1986年にはベーラーらによる統計的分析により、1962年から1985年にかけて、がんの死亡率は8.7％「増加」していることが報告された。

　この結果は主に50年代からのたばこの普及に伴う肺がんの増加によるものと考えられ、米国での大規模な禁煙キャンペーンを後押しした。その甲斐あって1990〜2000年代にがんの死亡率は肺がんを中心にピーク時より11％低下と、大きな減少をみせた。しかしこれは画期的新薬のためではなく、禁煙キャンペーンのおかげであり、治療よりも「予防」の威力を見せつけた結果となった。

　もちろん、抗がん剤のタキソールやグリベックといった、画期的新薬も

発見された。これらによって、白血病など、がんの種類によっては劇的な治療上の進歩があった。がんのメカニズムについてもたくさんのことがわかった。がんは自分自身の遺伝子の変異によって生じるという発見はまさに革命的であった。にもかかわらず、現在も多くのがんは完全には治らない。なぜだろうか。いくつもの理由があるが、まず大きいのはがんは変化する病気だということだ。がん細胞は遺伝子の変異によって誕生するが、増殖や成長によってもどんどん変異をくり返していく。このために、ある時期に効いた薬も、やがて効かなくなってしまう。次に、がん細胞は患者自身の細胞からできているために、あまりにも強い薬を使うと患者自身を殺してしまう、ということだ。これらの問題は従来の低分子化合物であれ、「魔法の弾丸」と呼ばれた抗体医薬であれ変わりはない。体内の「変化するブラックボックス」をコントロールすることは、最先端の科学技術でも難しい。

　なによりも、国民の健康への貢献に疑問が出ている。

　ワシントン大学の調査によれば、世界最大の医薬品産業を作り上げたにも関わらず、世界的にみた米国民の健康寿命は1990年の14位から2010年の26位へと大きく低下している。平均寿命の絶対値はやや伸びているが、健康寿命と平均寿命の差は広がり、国民間での格差が広がっていることを表しているという。いったい、なにが起きているのだろうか？[*10]

## 政治化する医薬品産業

### 「ゾロ新薬」の登場

　医薬品産業はビジネスである。もちろん画期的な新薬が次々に開発できれば素晴らしいが、現実はそううまくは運ばなかった。どうするか。発想の転換だ。画期的ではない新薬を創ればよい。

　これが「ゾロ新薬」と呼ばれる医薬品だ。正式には改良型新医薬品といい、既存の化合物に特許に抵触しない程度に「改良」を加えたものである。しかしMe-too-drugとも呼ばれるように、薬としての作用機序はほぼ同等である。そのためまったく独創的で新規な化合物をつくるよりも低期間、

低コストで開発でき、現在の製薬企業の製品はほとんどこのゾロ新薬で構成されているといってよい。たとえばコレステロールを制御するスタチン系のゾロ新薬はよく知られている。メルク社のメバコール、これはスタチン系としてはじめて開発された画期的新薬だ。

しかしその後のファイザー社のリピトール、ブリストルマイヤーズスクイブ社のプラバコール、ノバルティス社のレスコール、バイエル社のバイコール、アストラゼネカ社のクレストールはゾロ新薬だ。このように同じような化合物、同じような機序の薬剤を売ることになると、当然ながらゾロ新薬間での競争が起こる。

まず、ビッグ・ファーマにとって小さなマーケットを取りあうのは無意味なので、生活習慣病や精神疾患のような、慢性で、すそ野が広い病気がターゲットになる。そして、重要なのはマーケティングである。似たような薬の中から、いかにして自社製品を医師に選ばせるか、ということがビジネスの生命線になってきたのだ。たとえば先に触れたブロックバスターの代表格リピトールは、画期的新薬ではなく、ゾロ新薬である。ゾロ新薬であるリピトールは、なんとかして本家や他のゾロ新薬よりも効果が高いことをアピールしなくてはならない。そこでファイザー社は、ブリストルマイヤーズスクイブ社のプラバコールより効果が高いことを示すために、80 mgのリピトールと、40 mgのプラバコールとを比較した臨床試験を行った。

当然リピトールの方が高い効果を示すが、これによって、リピトールはプラバコールよりよい薬、と主張するわけである。

### ≡マーケティング重視の姿勢の弊害

2002年の調査では米国の製薬企業上位10社の売り上げは合計2170億ドルで、そのうち14%程度の310億ドルが研究開発に使われている。莫大な額だと思うだろうが、マーケティング・運営費には31%の670億ドルと、研究開発費の倍以上が費やされていることがわかっている。ちなみに利益率は17%と、他産業の中央値3.3%と比べて非常に高くなっている。

そして、こういった極端なマーケティング重視の姿勢が、医薬品産業に

大きな影を落としつつある。

　たとえば先のリピトールの例のように、製品の価値を示す第一の方法は臨床試験である。臨床試験は、新薬を販売したい企業が申請して行う場合と、新薬や治療法を求める医師や医療機関が申請して行う場合がある。いずれの場合も化合物や製品そのものは企業から提供されることになるが、ここにいわゆる「利益相反」の問題が生じる。

　簡単におさらいすると、利益相反とは、「ある職務におけるその個人の意思決定や行動が個人的な利害関係によって影響を受けるおそれがあると外部からみえる状況」のことである。たとえば臨床試験や研究で特定の結果が出ることが、試験を担当する医師や研究者個人にとって利益になるような状況があるならば、少なくともそういった情報は公開されなければならない。

　もちろん利益相反の疑いがあっても、データが間違いであるとはかぎらない。しかし、データが正しくても、利害関係によるバイアス（偏り）は存在しうるのだ。

　先のリピトールの臨床試験の場合、試験の条件そのものがファイザー社にとって都合がよいものになっているといえる。したがってデータが正しくとも、ファイザー社を利するバイアスの疑いがある。これは必ずしも不正ではないが、試験結果を解釈するうえで重要な情報だ。

　また、もっとも典型的なものが、「都合が悪い情報は出さない」というバイアスである。出てくる情報は「まちがいではない」のだが、重要なのは「出していない」情報だというパターンだ。原発事故後の東京電力の対応にも通じるものがあるといえるだろう。

　のちにファイザー社に買収されるファルマシア社がスポンサーとなって臨床試験を行った、関節炎治療のセレブレックスという製品があった。臨床試験の結果は論文として提出され、既存の薬品よりも副作用の少ない良好な結果が高く評価された。確かに、そのデータ自体は「ウソ」ではなかった。しかし、その後判明したのは、論文に記されたのは臨床試験の最初の６か月のデータのみで、全体の結果を見るとまったく利点があるとはいえなくなるということだった。

## ■ 重篤な副作用を隠す

　他の製品と比べて利点がない、というならまだしも、重篤な副作用が隠されていては患者としてはたまらない。

　グラクソスミスクライン社のSSRI（選択的セロトニン再取り込み阻害薬）抗うつ剤として有名なパキシルでは、その副作用をめぐって大規模な訴訟が起こっている。まず、グラクソスミスクラインは臨床試験の段階で、パキシルは自殺衝動が生じるリスクを8倍上昇させることがわかっていたが、その情報をFDA（米国食品医薬品局）に隠して認可させ、そういった副作用の警告を表示しなかったとして自殺者らの遺族から訴えれられ、一部は示談に入っている。さらに、妊婦が使用した場合の胎児性障害のリスクを隠していたことについても訴えられ、これについては危険性の隠蔽と医師への警告の不作為を陪審が認定し、250万ドルの賠償を命じられている。そしてこれは先行訴訟であり、まだ数百件の訴訟が控えているという。

　また「study329」と呼ばれる臨床試験において、7〜17歳の小児に対しては有効性がないという結果が出たにも関わらず、論文上ではあたかも効果があるように誘導した疑いがもたれている。これについては2015年著名な医学系学術誌『BMJ』誌にて正式に再解析が行なわれ、若年性うつ病に対しては効果がなく、むしろ有害であると確認された。

　またSSRI抗うつ剤として共に有名なイーライリリー社のプロザックにも、データ解釈上の問題が指摘されている。イーライリリー社はジックらの論文をもとに、プロザック投与患者では自殺者は10万人中272人であるため、うつ病患者一般が自殺により死亡するリスクである10万人中600人程度と比較して、プロザックは自殺リスクを低下させる、と主張していた。しかし10万人中600人というのは入院している重度うつ病患者を含む数字であり、一方プロザックは入院患者ではなくプライマリケアにおいて使用されていた。

　うつ病患者の予後を追ったルンドビュ・レポートでは、入院していないうつ病患者の自殺率は10万人中43人であり、しかもうつ病に対する投薬のない患者では10万人中自殺者はゼロであった。つまりデータを適切に選択すれば、プロザックは軽症のうつ病において逆に自殺リスクを高めている

というまったく逆の可能性が見えてくる[*11]。

　日本でも近年、ディオバンの臨床研究で問題になったノバルティス社では、抗がん剤を中心に死亡例を含む重篤な副作用2579例が未報告であったことが判明し、重篤度の不明な例も含め計8697例について調査が進められている[*12]。

　このような状況について、メイヨークリニックで医師として勤務後、FDAで審査医官を務めているトーマス・マルチニアク氏は、『BMJ』誌のインタビューにおいて、臨床試験システムは壊れておりますます悪化している、と語っている。マルチニアク氏が特に問題視するのは、臨床試験における「欠測値」だ。欠測値とはなんらかの理由で記録されておらず、空白となっているデータのことである。たとえ記されているデータが「正しい」ものであっても、欠測値の有無によって結論が変わる・変えることは可能になる。氏は研究者が臨床試験データを企業と規制庁に同時に送るなど、全臨床試験データの公開が必要だとしている[*13]。

　『BMJ』誌はこれに同調し、「すべての臨床試験は登録され、結果は公表されねばならない」「患者たちは公表が保証されない臨床試験には参加しないよう強く望まれる」などのキャンペーンを展開し、多数の賛同を得つつある[*14]。

　また英オックスフォードに本部を置く国際的なNPOコクラン計画では、こういったバイアスを除去するためにあらゆる臨床試験を収集して総合的に分析するシステマティック・レビューを提供している。

　コクランのレビューでは最近こんな気になる結果も報告されている。鳥インフルエンザなどに備えるとして、460億円をかけて約2000万人分の備蓄を用意し、世界の8割近くを日本で消費するといわれている、ロシュ社の抗ウイルス薬オセルタミビル、通称「タミフル」についてである。コクランのレビューによれば、タミフルは成人のインフルエンザ症状をやや緩和する（プラセボでの160時間を140時間程度に）効果は認められたものの、合併症や入院は減らさず、有害事象は過小評価のおそれがあるとしている。また、ロシュは臨床試験データをすべて公開しておらず、評価に留保があるため、政府の大量備蓄には疑問があるとしている[*15]。

### ■ 医師と製薬会社との関係

　臨床試験はいわゆるエビデンスに基づく医療（EBM：Evidence-based medicine）の根幹をなす部分であるが、そのエビデンス、臨床試験そのものが利益相反やバイアスに侵されているということになる。これらの問題は近年では「マーケティングに基づく医療（MBM：Marketing-based medicine）」という言葉もささやかれるほどに欧米では広く認知され始め、利益相反規約の厳格化や、また先に触れたように訴訟例も増えている。

　しかし、製薬企業が干渉するのは臨床試験だけではない。要は、医師が自社製品を採用してくれればよいわけだ。であれば、企業が医師を「教育」してしまえばよい。

　知識や技術の進歩の激しい現在では、医師にも生涯教育が求められる。そこで医学系の各学会は教育的な勉強会やセミナー、セッションを開催するわけだが、そのスポンサーとして製薬企業が登場する。学会に行けば、スポンサーによるセミナー、スポンサーによるセッションが目白押しだ。そこで企業の用意する軽食を摂り、企業の推薦する講演を聴き、企業のパンフレットやロゴ入りの粗品を受け取る。これらが即不正とはいえないだろうが、このことで判断が影響を受けないといえるだろうか？　2002年のコイル（Coyle）らの社会学的な研究では、これらの小規模な「ギフト」により、処方など医師の行動パターンが影響を受けることが報告されている。近年では学会旅費を企業が負担する例なども発覚しているが、これはさすがに不適切だろう[*16]。

　また、各分野のオピニオンリーダーと目される医師や研究者に、それらのセミナーで講演を頼むこともできる。支払われる「講演料」や「コンサルタント料」も不正とはいえないだろうが、そのオピニオンリーダー自身の判断に影響を与えないとは言いきれないだろうし、講演を聴く視聴者にも影響しうるだろう。これらは企業のマーケティング活動として成立するのだ。

　こういった状況を危惧して、2006年には米国医師会誌（JAMA：The Journal of the American Medical Association）上で、医師と製薬会社との関係性について自己規制では不十分であり、粗品、サンプル製品、生涯教育、

製品関連の講演などの廃止を含めたより厳格な規制が必要であるとの報告がなされた。続いて2008年には米国医科大学協会（AAMC：Association of American Medical Colleges）も企業提供による医学教育に関する同様に厳格な指針を発表、さらに2009年には米国科学アカデミー医学研究所（IOM：Institute of Medicine）も製薬会社の影響を受けない生涯教育プログラムを提出するよう勧告を出すなど、利益相反問題に関する議論は高まりをみせている[*17]。

これらを受けて2010年には米国医療保険改革法に「サンシャイン条項」が加えられた。製薬企業による医師や医療機関への10ドル以上の資金、物品、サービスの提供は基本的に政府に報告が義務付けられ、ウェブサイトで公開される見通しだ。罰則も厳しく、1件の報告漏れで最大で1万ドル、年間15万ドル以内の罰金。故意に報告をしなかった場合、1件で最大で10万ドル、年間最大100万ドルの罰金というきわめて厳しい法律となっている。

こういった世界的潮流の中、日本で相次いだ臨床研究不正問題は、STAP細胞事件以上に日本の医療システムの信頼性を毀損するだろうが、残念ながら国内議論の喚起は鈍い。日本医学会連合は2017年7月に「医学研究者は販売促進に関与すべきでない」とする報告をようやくまとめたが、臨床におけるマーケティングは視野に入っていない。日本では日本製薬工業協会の「企業活動と医療機関等の関係の透明性ガイドライン」が2001年に制定され医師への支払いがある程度公開されるようになったが、情報が各社に分散してわかりにくい上、強制力も罰則もなく、サンシャイン条項のような透明性には及んでいない[*18]。

専門家共同体の中である問題についてあえて言及しない、というふるまいは、「あえて教えないことで、その分野や社会の中ではこのことは重要ではない、と学習させる」"ヌル・カリキュラム（null curriculum）" として知られており、これが受け継がれるかぎり、その問題は改善せず、悪化し続ける。

### ■ 患者の開拓

　さらに問題なのは、Disease mongering（病気の売り込み）と呼ばれる手法である。マーケティングの中心的な課題は顧客の開拓だが、医薬品の場合それは患者の開拓、ということにもつながる。もちろん、これまでよい治療法のなかった病気に新たな治療薬を提供するというのであればすばらしい。しかしここで問題になるのは、定義や認識への操作により、既存の製品の投薬範囲を広げようとする手法についてだ。

　たとえば「心のカゼ」というキャッチコピーを聞いたことはないだろうか。これはグラクソスミスクライン社が抗うつ剤の販売促進のために用いたコピーだ。誰でも一度は聞いたことがあるこのフレーズによるマーケティングは、確かにうつ病に関する注意喚起には大いに貢献したといえるかもしれない。ちょっとした症状でも気軽に診察を受けよう、という意味においては有益なものといえる。しかし、うつの軽症例に薬物投与が必要であるとはかぎらない。

　前述のように抗うつ剤には深刻な副作用や離脱症候群が生じうるため、安易な使用は禁物である。ちょっと熱があるから解熱剤、のように気軽に投与してよいものではないのだ（むろん解熱剤にもリスクはある）。さらに問題なのは、抗うつ剤パキシルは子どもに対する効果のエビデンスがないにも関わらず、子どもへの適応外処方のマーケティングを行ったことだ。これによってグラクソスミスクライン社は30億ドルの和解金を支払うこととなった。ちなみにグラクソスミスクライン社は、2009年より子ども（7～17歳）に対するパキシル投与の臨床試験を日本でのみ実施している。カーディフ大学心理学医学部門教授で英国精神薬理学会事務局長も務めたデビッド・ヒーリー（David Healy）博士は、精神医学分野におけるこういった医薬マーケティングの次の標的はADHDや双極性障害であると指摘している[*19]。

　このように、現代の医薬品業界ではマーケティング産業の要素が強まっている。バイオベンチャーにしても、バイオ医薬、ゲノム創薬で期待通りの爆発を得ることはなかった。医薬品業界は切実に、新たな「花火」を求めている。そこにド派手に登場したのが「再生医療」だ。

## 再生医療の希望と影

　再生医療、特に幹細胞医療はしばしば、「究極の医療」と呼ばれる。先に、人体というボトルネックがあるがゆえに医薬品開発が難しいことを書いたが、再生医療は理念的には病気などの問題が生じた人体の部分を取りかえることによって治療を行う、つまりボトルネックそのものを取りのぞけるという意味ではあらゆる医薬品の限界を突破できる「可能性」を秘めている。また、身体の部分や臓器を「新調」するという観点から、人類が歴史的に追求してきた「若返り」のイメージも加わり、いやがうえにも期待を煽ることになる。

　いわゆる幹細胞（stem cell）とは、その名の通り「幹」として、他の枝葉となる細胞を生み出すことができるという意味だ。しかし生み出すことができる細胞にもいろいろな限定があり、例えば「造血幹細胞」が生み出すのは血液および血管の細胞であり、「間葉系幹細胞」が生み出すのは骨や心筋の細胞だと考えられている。これらは成体の組織に存在することから、組織幹細胞と呼ばれている。その点でES細胞（胚性幹細胞）はあらゆる細胞を生み出すことができ、真の「万能細胞」ということができる。iPS細胞はこれに続くといわれており、STAP細胞も同様ではないかと当初は考えられていた。

### 幹細胞治療とは？

　こういった幹細胞を用いた治療としてもっとも単純なのは、幹細胞そのものを体内に投与する方法だ。たとえば白血病などのがん治療の際に骨髄移植を行うことがあるが、これは抗がん剤や放射線によって死滅した造血幹細胞や間葉系幹細胞を補うためのもので、ある意味ですでに実用化している「再生医療」のひとつだといえる。これは足らないものを補うという非常にシンプルな仕組みで、幹細胞も本来の機能を果たすだけなので、成功率は高い。人間の胚から得なければならないES細胞と比べて造血幹細胞や間葉系幹細胞は成人の血液や骨髄から得られるため、限定はあるもののもっとも使いやすい「幹細胞」だといえる。

近年では一歩進んで、心疾患患者への間葉系幹細胞移植の臨床試験が行われている。これは間葉系細胞を心筋に注入すると、死滅した心筋が再生するというもので、いくつかの試験によって有効性が確認された。この方法が確立すれば巨大な市場が見込まれるため、企業も臨床試験に参入している。しかし最近の研究結果では注入した幹細胞が組織に分化（特定の機能の細胞に変化・固定されること）しているわけではなく、注入した細胞またはそれによって刺激された細胞からなんらかの因子が分泌され、そのことが組織の回復につながっている可能性が高くなった。インペリアル・カレッジ・ロンドンのダレル・フランシス（Darrel Francis）らにより、臨床試験にもいくつかの疑問点が提出されており、今後の対応は慎重にならざるを得ない[20]。

　民間レベルでも実態の判然としない「幹細胞治療」がすでに実施されている。たとえば、「幹細胞ツーリズム」という言葉がある。米国など規制の厳しい国から、幹細胞治療の規制の緩い国、中国、コスタリカ、ウクライナ、そして日本などへやってきて民間治療を受けようとする人々のことだ。日本でも医師の自由裁量のもと、脂肪幹細胞（脂肪組織に存在するといわれる幹細胞）などを用いた治療を施すクリニックが存在する。それらの治療効果は不明であり、また因果関係ははっきりしないものの、そういったクリニックのひとつ京都ベテスダクリニックでは死亡例も報告された。

　幹細胞治療にもリスクは存在する。もちろん医療体制の不備という問題もあるが、幹細胞そのものが必ずしも良い結果をもたらすとはかぎらない。たとえば造血幹細胞は、アテローム型動脈硬化を促進する可能性が報告されている。若返りのために投与した幹細胞が、かえって動脈硬化を引き起こすおそれがあるわけだ。日本ではこれらの現状を受けて、再生医療法（再生医療等の安全性の確保等に関する法律）が2013年に成立し、今後は規制を強化することになった。一方、この規制には抜け穴も多く、条件・期限付き早期承認制度では少数例、対照群なし、論文なしの結果で承認され、信頼性の低い製品が市場に出るおそれがあることが2019年の『ネイチャー』誌論説で批判された[21]。

## ■ 再生医療はブラックボックスの域を出ていない

　ES細胞やiPS細胞は、その万能性ゆえに、そのまま投与することはできない。万能であるということは、がん化や、目的外の組織や細胞になるおそれがあるということだ。したがってこういった細胞は投与前に、完全に目的の細胞や組織に分化させて使用することになる。しかし、すべての細胞が完全に分化したかどうかを判定することは難しく、まして体内に入れて10年、20年機能するかどうか、ということはいまだ不明なままだ。仮に幹細胞を分化させて特定の臓器を形成しても、体内で脱分化（分化した細胞が万能性を取り戻すこと）を起こしてがん化したり、動脈硬化のように予想外の影響が出るかもしれない。自分の細胞からiPS細胞をつくれば拒絶反応は起きないといわれているが、免疫寛容は自己のすべての分子をカバーしているわけではないため、自分の細胞であっても通常発現しない遺伝子が誘導されていれば自己免疫反応は起こりうる。そういった課題に答えが出るのは早くて数十年後だ。

　先に、医薬品にとって人はブラックボックスであると述べた。再生医療は理論的にはそのブラックボックスそのものを改変する可能性を持つが、現時点では使用する細胞や組織自体がいまだブラックボックスの域を出ていない。つまり、ブラックボックスにブラックボックスを投入するのが再生・幹細胞医療の現在であり、不確実性はむしろ大きくなるだろう。

　現在の再生医療フィーバーはそういった現状を反映しているとはいえ、一種のバブルになりかかっている。巷では米国物理学の名門ベル研究所で起きた大規模論文捏造のシェーン事件、韓国再生医療の重鎮による論文捏造の黄事件、そしてSTAP細胞事件で世界三大研究不正などという向きもあるが、そのうち二つが幹細胞研究であることは注目に値するだろう。再生医療にはすでに政治とビジネスが色濃く関わってしまっている。再生医療研究に資金が必要なのは確かだが、政治やビジネスによって利益相反や情報公開に問題が生じれば、巨費を投じた事業が一瞬で信頼を失う事態もありうるのだ。

# どうする日本のバイオ

## 日本の製薬企業の歴史

　米国型の医薬品・バイオ産業は市場規模に関しては世界最大になったものの、国民の健康を守るという観点に加えて、産業の持続性から見ても必ずしも成功しているとはいえない。ではその米国型医薬品・バイオ産業を目指す日本はどうなっているのだろうか。日本の製薬企業の歴史は古く、田辺製薬は1678年創業といわれている。多くは明治・大正時代に創業がみられ、最大手の武田製薬は1781年に創業後、1915年に日本でもっとも早く研究部を設立している。

　日本では第二次大戦後まではほぼ外資系の製薬企業の進出はなく、近年にいたるまで中小企業の多い多様な市場を保っていた。大きな変化は、1985年の日米市場分野別個別（MOSS：Market Oriented Sector Structure）協議から始まる。ここで米国は、医療分野における市場開放と規制緩和を日本側に要求し、米国型医療制度への転換を図り始めた。この流れは現在のTPP交渉まで継続している。ここから外資系企業の本格的な進出が始まり、やがて国内にも欧米同様のM&Aの波が生じることになる。

　規模としては欧米のビッグ・ファーマには劣るものの、日本の製薬業界も世界的な流れには同調せざるを得ない。医薬品は特にグローバル性の強い商品であり、いったん市場開放すればいやおうなく世界的な競争に巻き込まれる。ちなみに日本ではグローバル化に伴って医薬品輸入超過問題が取りざたされることがあるが、現在は国内企業でも化合物の製造拠点を海外移転する傾向があり、単純に輸入額で資金流出だと考えることはできない[*22]。

　そしてブロックバスター問題、特許切れ問題、いずれも国内事情も海外と似たようなものだが、ここにきて日本特有の文化が大きな問題につながっている可能性が浮上してきた。

　冒頭でも登場した「利益相反」問題である。

第4章　バイオ産業と研究不正　117

## ■再び「利益相反」問題

　国内最高権威である東京大学を中心にしたノバルティス社の慢性骨髄性白血病治療薬「タシグナ」に関する臨床研究「SIGN」、同じくノバルティス社の高血圧治療薬ディオバン研究「VART」、厚労省やアステラス製薬などのコンソーシアムによるアルツハイマー病研究「J-ADNI」など計6件の不正問題、そして国内最大手武田製薬工業と京都大学による高血圧治療薬ブロプレス研究の「CASE-J」問題は、STAP細胞騒動に比べるとメディア受けはいまひとつだが、日本の医薬品産業の信頼性という意味でははるかに巨大なダメージを受けている。これはいつ実用化されるかわからない基礎レベルの研究ではなく、まさに患者に投与する段階の臨床研究における問題であり、EBM全盛の現代医療において、そのエビデンス自体を形作る基盤なのである*[23-26]。

　もちろんこれまで見てきたように、欧米でも多くの利益相反問題が生じている。しかし少なくともそれが問題であることが認識され、様々な対応策も取られている。しかし日本でのこれらの問題は、最高レベルに位置する大学や病院において、また近年拡大された医師主導型臨床試験の形をとっているなかで、データの不正のみならず患者情報の流出、不透明な資金、名義貸し、グラフ操作、患者や医師の選定にまで広がっており、際限がない。日本の医師や製薬企業は世界医師会が医学研究の倫理を定めたヘルシンキ宣言すら知らないのではないか、という疑念すら抱かせかねない。

　これら頻発する問題の根底には、日本における利益相反の認識が基本的な部分で間違っている可能性がある。たとえばSIGN問題に関する東大の調査報告書には「本研究関係者の利益相反申告に関しては、学内や学会発表における現行の利益相反規定に基づいて申告されており、明白なルール違反はなかった」と、普通に読めば利益相反はなかったかのように書かれている。ところが記者会見で斉藤延人委員長は「利益相反があった」と明言しており、利益相反に関する理解に大きなギャップが認められる。「J-ADNI」においても、補助金を受け取る側の最高顧問である井原康夫東大名誉教授が、評価委員としてまさにその補助金の審査を行っていたことが明らかになっており、自分で自分の事業を審査するという異常事態が生じ

ていた。

　先にスタンフォードの例をあげたが、利益相反とは「外部から見て判断や行動に影響するおそれがあるように見える利害関係の状況そのもの」を指すのであって、実際にそれで判断や行動がゆがめられたかどうか、また当人がそれをどう思っているかは関係ない。利益相反の状況があるならば、よしあしに関わらずその情報を開示しなくてはならない、というのが国際的に標準となる考え方だ。これを理解せず、影響を受けていない（と本人が思っている）から開示しなくてよいかのように勘違いしてしまうと、開示しないこと自体が不正となるおそれがある。

　これは臨床研究のみならず、ベンチャーに関わろうとする基礎研究においてもいえることだ。ベンチャーの技術や製品、あるいは特許に関して利害関係がある場合は、基礎研究であっても利益相反情報を開示する必要がある。セルシードのようなリーディングベンチャーですらその対応に問題が指摘されるのであるから、1000社を超えるといわれる日本の大学発ベンチャー群も十分に気をつけるべきであろう。特に基礎研究はこれまでビジネスとの接点が薄かったこともあり、利益相反に関する認識がより遅れている可能性がある。

## ■ 日本でのベンチャーを取り巻く環境

　さて日本でベンチャーが意識され始めたのは、やはり1970年代である。1972年には初めて公正取引委員会によりVC（ベンチャーキャピタル）に関するガイドラインが通達された。ベンチャーを取り巻く状況が本格的に動き始めたのは80年代からだ。この時期には前述のMOSS協議と相まって、日本の「基礎研究ただ乗り論」が米国より指摘されるようになった。これは、日本は米国に比べて基礎研究への投資が少なく、米国の発表する論文等の知見にただ乗りをしている、という米国側の批判だ。

　当時好調だった日本の工業製品技術が米国の基礎研究にタダ乗りしているという根拠はないため一種の難癖ではあるが、ベンチャー振興を画策する日本政府と、研究費および大学院の拡充を求める大学側の思惑が一致し、大学院重点化が進みはじめた。これによって大学院の在籍者は1985年度の

6万9688人から、2005年には23万9460人、2018年には25万4037人と大幅に増加した。さらに1996年よりポストドクター等一万人支援計画、2001年より大学発ベンチャー1000社計画など、米国型ベンチャー産業を目指す人的投資を行った。

　これらは数としては確かに達成されたものの、いまだ日本にはジェネンテックのようなバイオベンチャーは生まれていない。それどころかベンチャーが1000社を超えても大量に育成した博士やポストドクターを受けとめる雇用はなく、「ポスドク問題」と呼ばれる社会問題を引き起こしている。特に人手を必要とするバイオ分野では、大学院生は多いがその後の雇用は少なく、問題を大きくしている。

　なぜ日本では十分な雇用を生むベンチャー、特にバイオベンチャーが生まれないのだろうか？　これは単純な問題ではないが、米国の歴史をみれば、単に博士を増やせばいいというものではないことはわかるだろう。米国のバイオベンチャーはジェネンテックの成功を起点としており、そこから40年以上にわたって人材やノウハウ、システムが積み上げられてきた。そして先に見たようにジェネンテックの成功は歴史的な背景にも大きくよるものであって、後から真似できるものではない。たとえるなら、ジェネンテックのような初期モデルの不在は、日本の得意なマンガでいう手塚治虫がいない、あるいは少年ジャンプが存在しないようなものだ。

　その意味では、確かに山中伸弥教授のiPS細胞開発はバイオにとっての救世主のように見えるかもしれない。ジェネンテック不在の日本に、iPS細胞で再生医療のジェネンテックを創ればいいではないか。産官学いずれのプレーヤーもそう思っただろう。まして、理論的にはより安全で実用化に近い可能性があった"STAP幹細胞"でならなおさらだ。若手、女性、ベンチャー、再生医療。政府方針とのマッチングも完璧な最高の「花火」であった。そこに落とし穴があったのだろう。

　再生医療、幹細胞研究は重要であるし、長期的には重要な医療資源となる可能性がある。それは確かだが、技術的にはいまだ多くの未解明な点があり、通常の医薬品よりもブラックボックス性は高いと言える。誰もが安心して使える技術になるかどうかはっきりするには、まだまだ数十年の歳

月が必要だろう。

### ■日本の医薬とバイオはどこに向かうのか

　技術的な問題のみならず、医薬品産業をめぐる信頼性のシステムに大きな疑問符がついたのが近年のSTAP細胞事件および臨床研究事件の結果だといえる。急激な大学院やベンチャー、臨床試験の拡大に、根本的な信頼性や持続性のための人的社会的システムが追いついていないのが日本の現状だ。たとえば平成27年には厚生労働省の薬事・食品衛生審議会薬事分科会の委員8名について、報告されていない利益相反行為（薬事に関する企業の役員、職員または当該企業から定期的に報酬を得る顧問等に就任していた。寄付金・契約金等の申告誤りにより本来参加できない議決に参加した。寄付金・契約金等の50万円以下の受領について過少申告であった）が発覚し、全員が辞任することとなった。過少申告に関してはほかに24名が該当したという。産業界のみならず、政、官、学、いずれにおいてもきわめて甘い認識が蔓延している。

　米国型医薬品産業は、米国民の健康寿命に十分貢献できておらず、むしろ格差を拡大していることは先に述べた。また、医薬品産業は、いくら規模を誇ろうとも、信頼性を失えばあっという間に崩壊する。逆に信頼性というものは、一朝一夕には獲得できない。利益相反や情報公開の問題を残したまま無理に拡大しようとしても、国民の健康も守れず、十分な経済効果も期待できないどころか、いずれは国際的な訴訟問題にもなっていくだろう。

　規模やスピード以前に、持続性のある信頼性の高い人的資源、社会的システム。格差を生み出すのではなく、国民の健康寿命を底上げする総合的な取り組み。日本の医薬とバイオは、そういうところに一度立ち戻る必要があるのではないだろうか。

注
*1　清水（宮薗）由美「日本のバイオベンチャー成長への歩み」生物工学会誌、91巻3号171-173、2013

年。
* 2 新谷由紀子・菊本虔「産学連携における利益相反ルールの形成に関する実証的研究」筑波大学産学リエゾン共同センター、2005年。
* 3 「子宮頸がん：ワクチン普及団体　製薬会社の支援、未公表」毎日新聞、2015年2月20日。
* 4 薬害オンブズパースン会議「「厚生労働省の審議会の利益相反管理ルールの見直しを求める要望書──HPVワクチンに関する審議会委員の利益相反を踏まえて」を提出」、2014年4月28日。
* 5 岩谷澄香「わが国におけるHPVワクチン副反応続出の要因に関する研究：HPVワクチン導入期のWHO, FDA, PMDA, 厚生労働省の見解の検討」、2014年。
* 6 マーシャ・エンジェル、栗原千絵子・斉尾武郎『ビッグ・ファーマ──製薬会社の真実』篠原出版新社、2005年。
* 7 佐藤健太郎『医薬品クライシス──78兆円市場の激震』新潮新書、2010年。
* 8 ゲイリー・P・ピサノ、池村千秋訳『サイエンス・ビジネスの挑戦』日経BP社、2008年。
* 9 シッダールタ・ムカジー、田中文訳『病の皇帝「がん」に挑む──人類4000年の苦闘』早川書房、2013年。
* 10 「米国民の寿命は延びたが、健康度は低下＝ワシントン大学調査」WSJ、2013年7月11日。
* 11 デイヴィッド・ヒーリー、田島治監訳・谷垣暁美訳『抗うつ薬の功罪──SSRI論争と訴訟』みすず書房、2012年。
* 12 「ノバルティス：重篤な副作用2579例　未報告、死亡例も」毎日新聞、2014年8月30日。
* 13 薬害オンブズパースン会議「臨床試験のシステムが壊れ、悪い方向に向かっている──FDAのベテラン審査医官が憂慮」、2014年3月5日。
* 14 薬害オンブズパースン会議「すべての臨床試験データの公開を求めるBMJ誌のキャンペーンに広範な賛同」、2013年5月7日。
* 15 薬害オンブズパースン会議「コクランレビューで、タミフルの効果は限定的で有害性があると指摘、使用指針の見直しを求めBMJと共同声明を発表」2014年6月5日。
* 16 宮田靖志「臨床医の遭遇する利益相反と医学教育」精神神経学雑誌、112巻、11号、2010年。
* 17 薬害オンブズパースン会議「米国でサンシャイン法による医師への支払いデータ公開がスタート」、2015年2月19日。
* 18 「企業活動と医療機関等の関係の透明性ガイドライン」日本製薬工業協会、2011年。
* 19 デイヴィッド・ヒーリー、江口重幸監訳・坂本響子訳『双極性障害の時代──マニーからバイポーラーへ』みすず書房、2012年。
* 20 D.P. Francis *et al.*, *Int. J. Cardiol.*, 2013.
* 21 Japan should put the brakes on stem-cell sales（EDITORIAL）, *Nature*, 565, 535-536, 2019.
* 22 みずほ産業調査「欧米製薬企業の再編動向と我が国製薬業界へのインプリケーション」、2005年。
* 23 「補助金、受給側の教授が審査　国のアルツハイマー病研究」朝日新聞DIGITAL、2014年8月20日。
* 24 「ノバルティス：学会で医師71人の旅費510万円肩代わり」毎日新聞、2014年8月27日。
* 25 「武田薬品、CASE-J試験への組織的関与を認める」日経メディカル、2014年6月23日。
* 26 「J-ADNI「データ改竄」報道の背景」日経メディカル、2014年2月6日。

# 第5章　バイオ研究者のキャリア形成と研究不正

## 「理研CDB解体の提言」が意味するもの

### 理研CDB解体の衝撃

「早急にCDBを解体すべきである」

　2014年のSTAP問題の渦中にあった発生・再生科学総合研究センター（CDB）（当時）についてこんな衝撃的な報告書（平成26年6月12日）を提出したのは、理化学研究所（理研）の理事長を本部長とする「改革推進本部」の下に設置された「研究不正再発防止のための改革委員会（岸輝雄委員長）」である（第2章参照、http://www3.riken.jp/stap/j/d7document15.pdf）。理研内部に作られた組織とはいえ、外部委員のみで構成された第三者委員会であり、その言葉は理研にとって非常に重いものとなった。

　ここで、そもそもCDBとはどのような組織だったのかを思い出してみよう。CDBは2000年4月に発足した理研のセンターの一つで、初代所長は竹市雅俊氏であった。竹市氏は京都大学で発生生物学の大家である岡田節人氏と江口吾朗氏に従事し、細胞接着分子の基盤的な分子であるカドヘリンを発見した。我が国を代表するノーベル賞級の科学者である。発足当初のCDBを運営するのは、その竹市氏を加えた7人のグループディレクター（GD）であった。メンバーには、西川伸一氏、相沢慎一氏、林茂生氏、松崎文雄氏、阿形清和氏、そしてSTAP細胞事件で命を絶った笹井芳樹氏であり、GDの全員が著名な発生生物学者であった。さらに、そこに新進気鋭の発生生物学者からなる18の研究チームと2つのサポートチームが加わって、2002年発足当初は総予算57億900万円、総員379名の体制とな

った。CDBはまさに「発生生物学者による発生生物学のための発生生物学研究所」としてスタートした（理研CDB年次報告書2002年より　http://www.cdb.riken.jp/jp/01_about/annual_reports/2002/cdb2002.pdf）。

　先の提言による解体の理由は、いたってシンプルだ。この報告書によれば、CDBの運営の主体はグループディレクター（GD）が担っているが、GDのポジションはセンター発足の2000年4月以降1名が交代しただけで、トップマネジメントの人事は硬直化していた。それが原因で馴れ合いが生まれる土壌ができ、研究不正行為を誘発する、あるいは研究不正行為を抑止できない状況となってしまったという。そしてこれはCDBトップ層の弛緩したガバナンスが背景にあるため、通常の人事異動ではもはや解決が困難であり、それゆえにCDBを解体しない限り根治療法は不可能である、という結論が導き出されたというものであった。

　理化学研究所はこの提言を受け、2014年11月には「発生・再生科学総合研究センター」の日本語名称を変更し、「多細胞システム形成研究センター」に変更した。これにともない、職員数も439名から異動などによって329名にまで規模を縮小することとなった。そしてその後は神戸の他の研究所（生命システム研究センター、ライフサイエンス技術基盤研究センター）と合併し、2018年4月1日に生命機能科学研究センター（BDR）となった。このようにして、「発生生物学者による発生生物学のための発生生物学研究所」であったCDBは、事実上解体されたことになる。

　さて、STAP問題において顕在化したCDBのガバナンスの問題であったが、はたしてこれはCDBだけの問題なのであろうか？　CDBの問題は、硬直化したトップ層の人事が最大の原因であるということであった。しかし、他にも類似の研究所は数多くある。また、トップ層が硬直しているといえば、大学の教授人事はまさにその典型であろう。したがって今回の事件は、決して理化学研究所だけに矮小化していい問題ではない。つまり、この委員会の提言はCDB解体に留まることはないのである。

　残念ながら、研究不正の事件はその後も後を絶たない。たとえば、2015年の年末に単独の研究室としては前代未聞の巨額の不正経理事件が明らかになった。大阪大学の教授らが取引業者と共謀し、10年間で2億7千万円

もの不正経理を行っていたというのである（「大阪大学における公的研究費の不正使用について」2015年12月28日大阪大学発表資料）。また、2017年にはiPS細胞研究で有名な京都大学iPS細胞研究所において、今度は若い助教による実験データの改ざんが明らかになった（序章参照、https://www.cira.kyoto-u.ac.jp/j/pressrelease/pdf/20180122_investigation_result_overview.pdf?1562831862435）。実は、すべての日本のバイオ系研究機関にとって、これらの研究不正や不正経理の問題は身近なものである。なぜなら、残念ながらこれらの不正の温床は日本中どこの研究所にもある構造的な問題に起因しているからである。

### 科学者の自由な楽園

　かつて、理化学研究所は「科学者の自由な楽園」と呼ばれていた時代があった（『科学者の自由な楽園』（朝永振一郎著、江沢洋編、岩波文庫））。1922年に理研で発足した新しいスタイルの「研究室制度」（PIラボ制度）は、主任研究員（PI＝Principal Investigator）が研究室における予算や人事権、研究室スタッフの研究テーマを自由に設定できるというもので、現在でもそれは引き継がれている。当時の理研はなぜ「科学者の自由な楽園」と言われていたのであろうか。

　それは、とりわけ若手研究者に大きなチャンスが与えられていたからだ。それに対して当時の大学は「講座制」と呼ばれる教授を頂点とする縦割りの組織構造をもち、中堅の若手研究職のポジションであった「助教授」には研究を自分自身の裁量で進める権限がなかったのである。したがって、理研のPIポジションは若手研究者が自由な発想で研究をすることができるという、当時としては斬新なものであった。

> **コラム｜理研の変遷**
>
> 　理化学研究所（理研）は1917年に創設された自然科学諸分野を扱う、日本で唯一の総合研究所である。設立当初はまだ民間の研究機関であったものの、戦前の産業創成期であった我が国においては、理研

> は日本が科学立国として発展するための重要な礎であった。その一方で、理研は民間企業として産業応用まで幅広く活動を広げることにも成功し、「理研財閥（理研コンツェルン）」と呼ばれる企業グループを形成するまでに至った。戦後は連合軍のGHQにより財閥は解体されたが、1958年に国の特殊法人「理化学研究所」として再出発し、2003年には文部省所管の「独立行政法人理化学研究所」、2015年には「国立研究開発法人理化学研究所」となり、現在でも我が国の科学技術の中心課題を扱う総合研究所であり続けている。

その後、文部科学省の学校教育法の改正（2007年）により、大学は講座制を原則的には廃し、それまでの「助教授」は独立したPIである「准教授」に名称が改められた。これにより、日本全国の大学や研究センターで理研のPIと同様に、教授だけでなく准教授がそれぞれ独立した研究リーダーとして、研究テーマ、研究室の人事、そして予算執行に渡る広範囲な権限を一手に掌握することとなった。

「科学者の自由な楽園」のシンボルであったPIポジションは、今や国の研究機関のみならず、広く全国の大学にまで採用されるようになっている。確かにPIは若手研究者に大きなチャンスを与え、その才能をいかんなく発揮させるためには必要不可欠な制度であるといえよう。しかし、その運用の実態は決して手放しで褒められるものばかりではない。

前述の大阪大学の研究不正では、2億7千万円という大規模な公的研究費が不正に利用されたという。ただ、不正といっても遊興費に使いこまれたわけではないという。この事件では、実は研究業界では"使い古された"方法である「預り金」という方法が用いられていたのだ。

理化学機器や研究試薬の取引業者が研究備品や試薬の納品を行う際、その納品の検品をPI自身（あるいはPIの部下である研究員や秘書）が行っている場合、本当にその納品が正しく行われたのかどうかは当のPIと納品した業者しか知ることはない。そのため、PIと業者が共謀すれば、実際には

購入していない物品を購入したこととして業者に支払いを行い（架空請求）、業者は大学から支払われた金（プール金）を裏帳簿で管理し、PIが使いたいときに自在に使える便利な"ATM"にしてしまうという仕掛けができあがる。業者はこの"ATM"の維持費として、いくばくかのマージンを抜く。これが、「預り金」の実態だ。とはいえ高額な機器の購入においては大学当局も「固定資産登録」で資産管理をするので、高額なプール金になればなるほど事件が露見するリスクが高まる。そのため、架空請求はUSBメモリやプリンターのインクなど少額（通常は数万円程度、高くても数十万円）の消耗品購入に使える"小技"である。そう考えると、2億7千万円というプール金がいかに巨額であるか、あるいはこれがどれだけ組織的かつ持続的に行われた犯行であったかを想像していただけるのではないだろうか。

　この「預り金」という犯罪は、共犯者である取引業者に金を預け、しかも白昼堂々とラボのスタッフを事件に巻き込みながら行われるという点で、非常に特異的である。実はこの「預り金」は、民間企業であればそうそう起こるものではない。なぜなら、普通なら取引業者にプール金を預けたとしても自由に使わせてもらえる保証などはないし、もしも同僚に目撃されれば容易に立場が危うくなってしまうからだ。それに民間企業であれば、人事異動も多い。業者と共謀して不正経理をしたとしても、人事異動で部署が変われば預り金は引き継げない。

　ところが、研究機関のPIは状況が異なる。PIは取引業者を選定する権限を有し、ラボのメンバーの人事権をも掌握している。取引業者も重要顧客である"センセイ"に不正を持ちかけられれば断ることができない。研究室内では学生などのスタッフが自分の"ボス"の悪事を仮に目撃してしまったとしても、自分の卒業に影響するとなればなかなかそれを告発することもできない。また、PIは長期間同じポジションに君臨できるし、仮に他の大学に異動があったとしても、大規模予算を取るPIの場合は業者ごと引き連れて異動できるのである。ここに、研究室の「構造的な問題」がある。

　PIは、どの取引業者を利用して予算執行するか、という予算執行権限

を持つだけにとどまらず、いつ誰を雇うか、あるいは誰を"クビ"にするか（任期が切れたら雇用延長しない、ということで実質クビにすることが可能）などの人事権をも握っている。また部下の研究テーマやキャリアについても、非常に大きな影響力を行使することができてしまう。PIラボ制度は、若手研究者にチャンスを与える制度であった。これ自体はとても良いことであろう。しかし、それが行き過ぎた権力を生む構造になってしまっているという側面にも、公的研究費を負担する立場である国民は目を向ける必要がある。残念ながら、このような構造的な問題は、現在でも全国の研究現場で改善される様子は見られない。ましてや、国民の多くはこの問題の存在すら知らない。

### ■ 研究キャリアの流動性の光と影

前項までは、PIがいかに恵まれた環境であるか、あるいは一歩間違えれば容易に犯罪にも手を染めてしまえるほどの権限を持っているかを議論してきた。ごく一部の犯罪に走る研究者は論外だとして、研究者はとりあえずPIで居続けられれば自分の研究に集中できるわけである。だからこそ研究キャリアを目指す者は、誰しもPIを目指す。しかしながら、そのPIのポジションは極めて狭き門であり、さらに晴れてPIになれたとしても、クリアしなければならない段階的なステップがあり、そのステップの最上段はとてつもなく高い。

> **コラム | PI のステップ**
>
> ステップ1　新人PI
> 　　　　　最初のラボ立ち上げ。任期3〜5年の"非正規雇用"。
> 　　　　　ポジションはユニットリーダー、主任研究員、任期制准教授など。
>
> ステップ2　中堅PI
> 　　　　　2〜3回目のラボ。任期5〜10年の"非正規雇用"。
> 　　　　　ポジションはチームリーダー、任期制准教授、任期制

| | 教授など。 |
|---|---|
| ステップ3 | 地位盤石なPI |
| | ベテランのPI。任期はあっても永続的に再任可能。 |
| | グループリーダー、教授など。 |

　理研を例にとって見てみよう。2019年度時点において、理研の人員は3550人、大学院生スタッフは147人、そして海外の外国人スタッフが782人で合計4479人という大所帯である。予算は約988億円（平成31年度）と単一の研究所としては巨額で、これは東京大学の教育研究経費932億円（28年度）に匹敵する額である。民間の研究所と比較しても極めて大きい。国内製薬企業の研究開発費ランキング（平成31年度）と比較すると、7位の中外製薬（992億円）を超え、6位の大日本住友製薬（1024億円）に次ぐレベルである。非常に恵まれた研究環境であるといえよう。

　しかしながら、その人員のほとんどは「任期制」のスタッフであり、1年単位の短期雇用が原則である。理研の古屋理事が2015年に作成した資料によれば、研究系職員2960人のうち、なんと約9割の2622人もの人員が任期制スタッフだという（http://www.mext.go.jp/b_menu/shingi/chousa/gijyutu/023/shiryo/__icsFiles/afieldfile/2015/03/06/1355646_03.pdf）。「任期制」とは任期が定められた期限付きのポジションのことであり、理研では多くの場合1年更新である。この「任期制」は世間の言葉でいえば「非正規社員」のようなものであり、理研には「正社員」はごく限られた一部しか存在しない。本稿では世間の言葉を用い、任期制スタッフを"非正規社員"と呼ぶこととしよう。

　理化学研究所の古屋理事の資料によれば、1990年には研究系職員は585人であり、当時の"非正規社員"は106人と、全体の一部でしかなかった。しかし研究系職員が1000人を突破した1997年にはその数が逆転し、半数以上が"非正規社員"になってしまう。その後も"非正規社員"は倍増し続け、一方で正規雇用は漸減していった。民間企業にたとえるなら、中外製

薬や大日本住友製薬の研究員の大部分が"非正規雇用"である、という異常な状況といえる。

そして"非正規の憂き目"を見るのは、実はPIといえども例外ではない。PIにはコラムにあるような段階的なステップがあり、途中段階のPIとして雇用された場合は5年、長くても10年などの期限が決められてしまう。その期限が来て特定の条件をクリアできなければ、たとえPIといえどもいわゆる"クビ"になってしまうのである。

そのため、PIと研究室スタッフは、5年後や10年後の来るべき「転職活動」のために準備をしなければならない。その準備というのが、転職に有利な"良い論文"を書くことだ。ここでいう"良い論文"というのは、掲載難易度の高い人気の高い雑誌に論文を載せることであって、論文の内容そのものが良質であるかどうか（たとえば、ノーベル賞級であるかどうか）とは別の問題である。ノーベル賞に繋がるような科学的に重要な発見を載せた論文であっても、最初は注目されないことも多い。したがって研究者たちの多くは、「自分の知的好奇心に従って科学的に重要な課題に挑戦する」というよりは、流行のテーマ、多くの研究者が注目しているテーマに取り組まざるを得なくなり、そして任期が切れる前に沢山の論文を書けるように短期的に結果が出やすい研究テーマにシフトせざるを得ない状況に置かれてしまっている。

『日本の科学を考える「ガチ議論」』（http://scienceinjapan.org）では、柳川由紀さん（農業生物資源研究所）が以下のコメントを寄せている。

「任期が切れれば容赦なく雇用打ち切り─中略─このような環境では、組織のこと、（学生の─引用者注）教育のことよりも、自分が次の職を見つけることが優先になるだろう。誰も無職にはなりたくはない、だからこうなるのは当たり前のことである。どんなにその組織の仕事を頑張ろうが、教育を頑張ろうが、評価されない。むしろそれらを頑張ったことによって任期が切れた後に無職になったのでは元も功もない。」（http://scienceinjapan.org/topics/110515a.html）

これは"非正規社員"として働く多くの研究者の本音ではないだろうか。もちろん、PIも例外ではない。ここで一つ実例を見てみよう。設立間もない2002年に在籍していた初期のPIたちは、その後に理研以外のどこに異動したのだろうか？　以下にはかつてCDBに在籍した26人のPIのうち、大学等に移籍した18人の実例を紹介しよう。ただし誤解のないように付け加えると、理研のPIから大学に移籍すること自体は、決して悪いことではない。研究者が多様なキャリアを歩むこと、優秀な研究者が大学で学生に教育をすること、硬直した人事を避けることなどの利点があり、また指導を受ける学生にとって利点もあるだろう。ここではPIがどれだけ流動的なのか、という一つの事例としてこれを紹介したい。

阿形清和（CDBグループディレクター　→　2005年京都大学教授）
浜　千尋（CDBチームリーダー　→　2010年京都産業大学教授）
日比正彦（CDBチームリーダー　→　2009年名古屋大学教授）
近藤　滋（CDBチームリーダー　→　2003年名古屋大学教授）
西脇清二（CDBチームリーダー　→　2008年関西学院大学教授）
丹羽仁史（CDBチームリーダー　→　2017年熊本大学教授）
岡野正樹（CDBチームリーダー　→　2015年熊本大学准教授）
澤　斉（CDBチームリーダー　→　2011年国立遺伝学研究所教授）
杉本亜砂子（CDBチームリーダー　→　2010年東北大学教授）
高橋淑子（CDBチームリーダー　→　2005年奈良先端科学技術大学院大学教授）
若山照彦（CDBチームリーダー　→　2012年山梨大学教授）
佐々木洋（CDBチームリーダー　→　2010年熊本大学教授）
中村　輝（CDBチームリーダー　→　2013年熊本大学教授）
中山潤一（CDBチームリーダー　→　2012年名古屋市立大学准教授）
浅原孝之（CDBチームリーダー　→　2008年東海大学教授）
Anthony C.F.Perry（CDBチームリーダー　→　2010年英国バース大学）
榎本秀樹（CDBチームリーダー　→　2013年神戸大学教授）
Raj Ladher（CDBチームリーダー　→　2015年インドNational Center for Biological Sciences）

掲載順は「CDB2002年次レポート」の表記順に従った（http://www.cdb.riken.jp/jp/01_about/annual_reports/2002/cdb2002.pdf）
移籍先情報は理化学研究所が公開している「過去に在籍した研究室一覧」を参照（http://www.cdb.riken.jp/research/laboratory/past_index.html）

　これによると26人のPIのうち、7割に相当する18人が理研から外部のポジションに出て行ったことになる。その中で名門国立大学の代名詞である旧七帝大（京都大学、東北大学、名古屋大学）に直接移籍したのは、4人であった。またほとんどが教授ポジションでの"栄転"であるものの、一部には准教授での移籍も見られる。そして、日本人PIの海外への移籍は皆無であった。このことから、若手のPIが理研で数年のキャリアを積み、その後多くは国内の大学教授に移籍していくというキャリアの大筋の流れが見える。ただし、理研のPIを経験したからといって全員が名門大学の教授になれるわけではないようだ。
　さて、このようにPIといえども"非正規社員"の状況では、雇用はかなり流動的であり、最終的にはいずれかの大学教授（任期のない定年制、つまり正社員）などのポジションに就くのが一般的である。逆に言うと、PIのキャリアパスは、大学教授（任期の付かない正社員）を目指すことと、ほぼ同義である。このとき、PIの目的は（キャリアという側面だけをクローズアップすると）、大学教授になるための論文業績を出すことに他ならない。そして、しかるべき業績が出たとき、タイミング良く大学教授のご縁があれば移っていくのである。
　何度も強調するが、PIが業績を積み上げ、大学教授（任期の付かない正社員）に移っていくこと自体は悪いことではない（人材の流動性や教育などの利点もある）。問題なのは、PIが研究室を移るということは、それまでの研究室が消滅することを意味することである。PIが東大の教授になるからといって、スタッフも全員が東大の教員になれるわけではない。スタッフは全員クビになってしまうのだ。では、PI以外のスタッフはどうなってしまうのであろうか。次項では、PI以外の研究室スタッフのキャリアについて紹介しよう。

## ■ 研究業界の中でのキャリア形成

　研究業界、とりわけバイオ系では研究室スタッフはどのようにキャリア形成をしていくのであろうか。

　研究室にはPIが必ず一人は存在する。大学なら「教授」、「准教授」などがそれだ。理研などの研究機関の場合には、「グループディレクター」、「チームリーダー」、「ユニットリーダー」、「独立主幹研究員」などがある。ちなみに、STAP問題で渦中にあった小保方晴子氏は、「ユニットリーダー」であった。

　さて、このPIの他には次のようなポジションがある。「研究員」「外部研究員（学振PDなど）」「テクニカルスタッフ」「大学院生」「秘書」などのポジションである。前述したように、PIはこれらポジションの人事権、研究テーマやキャリアに対して極めて大きな影響力を行使することができる。PIのさじ加減一つで、スタッフの将来が決まってしまうといっても過言ではない。それでは、ここでは主に研究業界で最も多いバイオ系の研究人材を例にとり、彼らのキャリアについて紹介しよう。

　バイオ系の研究人材の入り口は、まずは大学の卒業研究、あるいは大学院修士課程でバイオ系の研究室に配属されることから始まる。このときの指導者になるのが、PIである。大学であれば直属の「教授」や「准教授」。理研などの研究機関であれば、「教授」の代わりにチームリーダー等が連携する大学から外部研究機関への研究連携（一般に「外研」という）して所属する学生の研究指導をすることとなる（理研では1989年に埼玉大学との連携が始まって以来、現在では40ほどの大学と連携を広げ、広く学生を受け入れている）。PIは学生たちに研究テーマを与え、実験用の机や予算も都合する。研究の初心者である学生から見れば、PIは"師匠"としてなくてはならない重要な存在である（あるいは、逆らうことができない怖い存在）。

　修士課程を修了すると、学生はいくつかの進路選択をすることとなる。バイオ系の場合、大きく分けて「D進」と「それ以外」に分かれる。「D進」は修士課程卒業後もさらに学生を続けて博士課程に進学する進路である。「それ以外」は、一つは民間企業（製薬企業や、食品企業）に就職する進路。もう一つは公務員試験や、あるいはまったく別の分野（金融や、コ

ンサルなど)に進む進路。そして、研究系進路として理研などの研究機関でテクニカルスタッフ (一部では「技師」という呼称も使われている) に就職する場合に分かれる。

テクニカルスタッフは研究室雇用のスタッフであり、研究員や大学院生の実験サポートをする他、PIの図らいで自らの研究テーマに取り組むことも可能なポジションだ (その場合には、大学院博士課程に社会人学生として在籍するのが一般的である)。学費を払わずに給料をもらいながら研究ができる夢のような待遇である一方、自分の人事権、研究テーマ、今後のキャリアすべてをPIに握られている状況である。その恵まれた待遇は、「PIへの絶対服従」と引き換えに手に入れたものといえる。

> **コラム│大学院博士課程の経済援助**
>
> 博士課程に進学した学生は、相変わらず学費を払う必要がある。ただし、大学や研究機関から経済援助を受けられる例も増えてきた。いくつか例をあげると、理研の場合にはリサーチアソシエイト (http://www.riken.jp/careers/programs/jra/)、東京大学では研究遂行協力制度 (http://www.c.u-tokyo.ac.jp/graduate/H26requirements.pdf)、東京理科大学では博士課程の学費実質無料 (2015年8月19日付朝日新聞「博士課程、実質無料に 東京理科大、3年で約320万円」) など、様々な経済援助が広まりつつある)。あるいは学振という外部の予算で自分の給料を得ることも可能である。しかし (理科大の「実質無料」を除いて) いずれにしてもPIの推薦が必要である。所属研究室に同じ学年の学生が何人かいた場合には、PIの覚えが良いか悪いかが"生死"を分けることもあるかもしれない。とはいえ経済援助を受けられる博士課程の学生は、全体からみるとごく一部でしかない。半数以上の学生は日本学生支援機構の教育ローンから借り入れながら就学している。ちなみに、日本ではなぜかこの教育ローンは「奨学金」と呼ばれているが、海外で一般的に受けられる奨学金 (給付制で返済の必要はない) とは意味がまったく異なるので注意が必要だ。

博士課程の学生も、研究テーマに取り組むテクニカルスタッフも、数年以内に博士号という学位を取ることを目指して研究に取り組む必要がある。しかし、研究室に配属されて以来、それは何年後のことであろうか。そして、研究室の期限はいつまでだろうか。あるいは、PIが転職してラボが消滅する（大学教授に"栄転"するなどして）のは、いつのことだろうか。とにかく、不安定なPIのもとで研究する以上、彼らはなるべく早く学位を取得しなければならない。

　また、彼らが無事に博士号を取得できたとき、年齢は27歳〜30歳程度になっているのが一般的だ。この年齢で民間企業に「新卒枠」で就職できるかどうかというと、現実的には厳しい。なぜなら、一般的な企業は博士課程を修了した30歳程度の人材を新卒で雇用するようには、人事システムが作られていないからだ。通常は、この年齢であれば、「中途採用枠」になる。そんななか、その年齢でもごく一部の研究系企業（製薬企業の一部）は博士課程修了者を採用することもあるが、しかしバイオ系の場合、それは年間で100名程度でしかない（研究系企業であっても、通常は修士課程修了者を中心に採用する）。したがって、多くのバイオ系博士課程修了者に残されたキャリアは、次に説明する「ポスドク」になることである。

> **コラム｜先輩後輩文化が博士の採用を阻害する**
>
> 　一般に、博士は民間企業の就職活動で不利だと言われている。しかし欧米では博士号を持っている方が就職には有利とされる。この"ギャップ"が生じる原因の一つとして、日本の新卒採用の文化の特異性がある。日本では4月入社に向けた一斉採用が一般的で、採用後さまざまな部署に採用者を振り分ける。これを「メンバーシップ型採用」と呼ぶ。このことにより、日本の大卒の新卒社員の大多数は22歳〜23歳程度と年齢が揃った多様性のない集団であり、その後は高校の部活や大学のサークルと同じような年功序列によって組織が作られていく。日本人の学生は無意識に同期を「タメ」、年上を「先輩」、年下を「後輩」と呼び慕い合う。これを、本稿では"先輩

後輩カルチャー"と呼ぶ。会社に入っても"先輩後輩カルチャー"は同様に重視される。たとえば、楽天株式会社は毎年入社式の様子を公開しているが、同社公式アカウントのFacebookの投稿には「同期と仲良く、これからも頑張って下さいね！」という言葉が踊っている（2018年4月7日投稿）。このように"先輩後輩カルチャー"は強固な文化として日本企業に根差している。残念ながら、約30歳になる博士をメンバーシップの"新人"として受け入れるのは難しい。そこで企業は博士を新卒ではなく、特定の業務遂行ができる「能力のある即戦力人材」として中途採用の枠で採用することとなる。これは通年で特定の業務ができる社員を随時採用する欧米の企業に多い「ジョブ型採用」という。しかしながら、実際には企業が求める「即戦力」を持っている博士は多くはなく、メンバーシップ型で採用した社員とのカルチャーの差で溶け込めないといった問題も生じる。このため結果として多くの博士は企業に就職できないという事態になっている。

一方で博士であっても新卒採用する企業も少なからずある。それは、"先輩後輩カルチャー"のない外資系の会社や、4月の一斉採用を行わないベンチャー企業などである。これらの企業では従来の「メンバーシップ型」や「ジョブ型」にとらわれない柔軟な採用が行われ、30歳の博士であっても未経験者と同じように初級の役職からスタートすることができる。学歴に関係なく、実力でキャリアを切り開いていく点では従来の日本企業よりも厳しい面もある。

### コラム｜ポスドクの定義

博士課程を修了した若手の研究者を一般に「ポスドク」と呼ぶが、「若手」「研究者」の定義は実は曖昧である。文部科学省では「若手の博士研究員」という言葉を利用し、以下を定義としている（参考 http://www.mext.go.jp/b_menu/shingi/gijyutu/gijyutu10/toushin/_

_icsFiles/afieldfile/2012/03/08/1317945_1.pdf)。

　「若手の博士研究員」とは、以下の①から④までのすべての要件に該当する者をいう。
①文部科学省の公的研究費（競争的資金その他のプロジェクト研究資金や、大学向けの公募型教育研究資金をいう。以下同じ）により公的研究機関に雇用される者[※1]
②大学や企業等における安定的な職に就くまでの任期付の研究職にある者で、40歳未満の博士号取得者（博士課程に標準年限以上在学し、所定の単位を取得の上退学した者（いわゆる満期退学者）を含む）
③公的研究費を獲得した研究代表者または研究分担者[※2]でない者
④大学の教授または准教授の職にない者、独立行政法人等の研究機関の研究グループのリーダーまたは主任研究員に相当する職にない者

　文部科学省は以上をポスドクの定義としているが、実際にはこれでは不十分である。たとえば、博士課程を中退して博士号を未修得のまま研究を遂行している者や、40歳を超えてもポスドクの立場のまま研究を続けている者、公的研究費で雇用されずにアルバイトや非常勤講師の収入を生活の糧として研究者を続けている者などは、文部科学省の定義には収まらない。文部科学省はこのような様々な状況に置かれた研究者も広くポスドクとして認識し、政策課題として扱うべきである。

※1　いわゆるプロジェクト雇用型のポストドクターまたは特任准教授等を想定している
※2　研究代表者とともに補助事業の遂行に責任を負い、自らの裁量で研究費を使用する者

　文部科学省ではポスドク（「若手の博士研究員」とも呼ぶ）をコラム【ポスドクの定義】にあるように定義しているが、広義には40歳を超えても上記

ポスドクと同様の立場の人材は存在する。任期は多くの場合3年から5年程度の年限であり、1年ごとの契約で研究をするポジションで、世間一般的な名称で呼べばやはり「非正規社員」である。ポスドクの雇用形態は、テクニカルスタッフ（テクニシャン、技術員）と類似している。採否と給与額を決める権限はPIが1人で掌握し、研究テーマでさえ独立して遂行することは許されない。何をするにもPIの許可が必要で、辞めて別の研究室に転職するときでさえ、PIの推薦状が必要となる。なので、PIに逆らうことは許されない。

一方でポスドクは年限の間に、自分の次の転職のために論文を何報か発表しなければならない。そのとき、PIの研究の興味と自分の研究の方向性が非常に似通っていれば、きっと幸せである。彼はPIのお気に入りとなり、研究室の良い場所にデスクと実験ベンチが与えられ、予算も優先的に使えるに違いない。しかし、PIの興味が途中で変わることもある。そうなると、途端に"奈落の底"に落ちていく。

ともかく、ここでは"幸運なケース"を考えてみよう。君は、ポスドクとして有名な雑誌に何報か論文を発表することができたとする。有名な雑誌、『ネイチャー』、『サイエンス』、そして『セル』に一報ずつファーストオーサーの論文を出せたのだ。これで晴れて、君はPIになるチャンスをゲットしたのだ！ PIになれるといっても、いきなり有名国立大学の大学教授になれる可能性はかなり低い。准教授でさえ、何百倍という大変に狭き門である。狙いどころとしては、理研などの任期のあるPIポジション、あるいはあまり人気のない大学の准教授ポジションの公募が現実的な落としどころになるだろう。しかしそれだって、大変な倍率であったり、公募と言いながら実際にはコネ採用である場合もあったりして、PIになるまでの道のりは険しいのである。

しかし、紆余曲折はありながらも幸運にも君はPIになれたとする。そうして晴れてPIになったあかつきには、これまで上司のPIにされてきたことと同じことを、今度は部下のスタッフたちにしていくことになる。ポスドクが君の興味とは遠い研究テーマを提案してきたって？ そんなの君の業績には関係がないから、却下で良いだろう。え、今度は博士課程の学

生が「卒業が迫っているから実験データをまとめて難易度の低い雑誌の論文にしたい」だって？　いやいや、その研究は『ネイチャー』を狙った研究だからもっと粘ってもらわないと困るよ。「留年も人生経験だ。頑張れ」とでも言っておけばいい。このようにして、研究室全体として"良い論文"をさらに数報出せれば、今度は任期のない"本当のゴール"である有名国立大学の大学教授を目指せるわけだ。そうしたらまた新しい研究室に引っ越しだ。え？　後に残された研究室のスタッフの進路はどうなるのかって？　それは、PIになった君がどれだけ人間として、そして指導者として優れているか、というきわめて個人的なキャラクターに異存する。君が"良い人物"なら、部下や学生の進路もきちんとケアするだろうし、君が"悪い人物"なら、お気に入りの部下や学生だけを大事にして、あとは放置するかもしれない。残念ながら、研究所が組織的に研究室のスタッフを守ってくれる仕組みは存在しないし、その後のスタッフがどうなるかは君のキャリアには関係がない。

　以上は君がバイオ系のPIになったときの話である。しかし、学生から始まってPIになるまでの間に、制度として非常に危うい部分があることにお気づきであろう。あまりにもPIに権力が集中し過ぎているために、特定の取引業者と癒着が生じてしまったり、研究室スタッフが理不尽な扱いを受けてしまったりする可能性もある。そして、研究室のスタッフ全員が大学教授になれないことは明白であるが、では大学教授にならなかったスタッフたちの将来はどうなるのであろうか？　PIがある日突然研究室を閉めてしまったら？　あるいは、PIが研究不正でいきなりクビになってしまったら？　研究室のスタッフは、ほとんどが立場の弱い非正規社員もしくは学生である。この状態が放置されたままでいいはずがない。
　冒頭の第三者委員会が問題視しているのは、なにも理研CDBだけではないはずだ。研究業界全体が、このような危うい経営をしているといえる。この問題を理研CDB解体だけで矮小化してしまっては、我が国の研究業界の真の再生はあり得ないのではないだろうか。

## 研究室の構造問題

### 全国に広がる研究センター

　理化学研究所では90年代後半から研究センターの拡充が急拡大していった。その代表格が1997年創設の脳科学総合研究センター（BSI）、そして2002年には前述の発生・再生科学総合研究センター（CDB、現在は「生命機能科学研究センター（BDR）」に名称を変更）などの数百人を抱える巨大な研究センターが創設された。21世紀に入ってからは理研を範とするように、2008年発足の京都大学のiPS細胞研究センター（CiRA）などのように有力大学も次々と研究センターを作っていった。また同時進行で大学院重点化も進んだことから、研究プロジェクトの単位である研究室はそれまでの「講座制」から一線を画した「研究センターの研究室」という形態になることが一般化していった。

　これらの「センター」と呼ばれる研究所の研究室の多くでは、研究代表者が研究室の経営をすべて統括するようになり、理研のPIとほぼ同様の運営スタイルが踏襲されていると考えていいだろう。センターのPIとそのスタッフの多くは任期制であり、その問題点も理研と同様の点が指摘されている。ノーベル賞受賞者の京都大学山中伸弥氏は、自身が所長を務める京都大学iPS細胞研究所（CiRA）の約300人のスタッフのうち、約9割が不安定な有期雇用であることに対して、「これが民間企業ならすごいブラック企業。何とかしないといけない」とコメントを寄せている（奈良県立医科大学開学70周年記念式典の講演にて。産経新聞2015年5月24日　http://www.sankei.com/west/news/150524/wst1505240031-n1.html）。

　このようなセンターでは研究室はどのように運営されているのだろうか。そして、そこにどのような問題があるのだろうか。例として理研の研究室、特に人員の多いバイオ系研究室をモデルにして考察してみよう。

### 研究室運営の仕組み

　標準的なバイオ系の研究室は、欄外「標準的な研究室（バイオ系）の構成人員」にあるようなメンバーによって構成される。

研究センターにおけるバイオ系研究室の構成メンバーは、PIが1名、秘書が1名、ポスドクが2〜4名、テクニシャンが2〜4名、学生が2名程度で、合計で10名程度の所帯が標準的である。
　ポスドク＋学生で6人程度が研究遂行者である場合、PIは2週間に一

---

### 標準的な研究室（バイオ系）の構成人員

**主任研究員（PI）** ｜ 特任教授、特任准教授、チームリーダー、ユニットリーダーなどとも呼ばれる。5年や10年の年限のある任期制職員（世間の言葉でいう非正規社員）である（「教授」など大学教員の肩書があっても、「特任」と付く場合には非正規社員である場合が多い）。男性が多い。ラボスタッフの人事権、給与決定、研究方針の決定、予算の執行、外研の受け入れ学生がいる場合は学生の指導、各種推薦文の作成などにおいて、すべてを掌握する立場である。非正規社員であるが故に、次の目指すキャリアは年限のない（つまりは正社員の）教授や准教授である。理研やCiRAクラスの国内トップレベルの研究センターにもなると、それらのPIが目指す次なるポジションの多くは、"東大""京大"など旧帝大クラスの大学教授である場合がほとんどであろう。そうなると、狙う研究は『ネイチャー』や『サイエンス』などトップレベルの有名ジャーナルに掲載される研究にだけに力を入れる傾向がある。それ以外の研究は重要視しない可能性が高い。年齢の幅は30歳から60歳程度までと幅広く、最近では小保方氏のように女性や若手の登用も目立つ。

**秘書** ｜ 年限はない非正規社員。経理や出張の手続きなどの事務的な作業を行うスタッフで、多くは女性。通常は年収が高いポジションではないが、2010年の民主党の事業仕分け第二弾では、理研のPIのうち6人が自分の妻を秘書として年収600万円で雇用していたことが明らかにされた。研究室に雇用されるため、研究室の存続と一心同体。PIが解雇、転職すれば同時に立場を失う。

**研究員** ｜ いわゆるポスドク。任期付きの特任助教もこれに準ずる。3年や5年期限の年限がある短期雇用の非正規社員である。博士号を持ち、将来はPIになること、そしてゆくゆくは大学教授を目指すことがキャリアの目標である。ただし東大などの旧帝大だけでなく、中堅大学、小規模な私立大学教員のポジションも視野に入れて、機会があればさまざまなレベルの論文を書きたいと思っている者も多い。難易度の高い『ネイチャー』ばかり狙うのはハイリスクなので、研究の進捗に応じて、ランクが下の論文も執筆したいと考えている場合もあるだろう。しかし、『ネイチャー』級ばかりを狙いたいPIとは、その思惑は一致しない。PIが『ネイチャー』にこだわって何年も研究員に追加研究をさせたあげく、ライバル研究者に先に同じテ

回程度研究指導・進捗の確認をすることができる。PIと定期的に研究の進捗を共有し、ディスカッションすることは非常に重要である。多忙なPIの意識を自分の研究テーマに向かわせるには、ディスカッションは不可欠なコミュニケーションである。しかし多くの場合、PIは自分の気に

---

ーマの論文を出されて競争に負け、論文を出せずにお蔵入りになる、などという場合も枚挙に暇がない。年収は3年任期の学術振興会特別研究員の約400万円というのが代表的だが、月給が20万円程度のポジションもあれば、理研の基礎科学特別研究員（約600万円程度）までと幅広い。だが多くの場合は、日本の大卒平均年収より下回る。「高学歴ワーキングプア」と呼ばれることもある。

**テクニカルスタッフ** | いわゆるテクニシャン。技官や技師と呼ばれる場合もある。かつての大学職員でいう定年制の「技官」と役割は近いが、最近はほぼすべて任期制になってしまい、非正規社員である。研究室に雇用されるため、研究室の存続と一心同体。PIが解雇、転職すれば同時に立場を失う。業務は多くの場合単純な研究補助業務であるが、PIの裁量で、ポスドクと同等に研究テーマに取り組む場合もある。学位を持っていないか、あるいは学費で苦労している学生にPIが目をかけて、救済的にテクニカルスタッフとして採用する場合もある。一般的なテクニシャンのキャリアは、非常に不安定である。論文業績を積み上げるわけでもなく、資格試験もないので特定の何かに秀でた技術を持つわけでもない。修士卒が多いが、手先が器用なら学歴不問である。PIがラボを閉じたときに、そのテクニシャンが別のラボに異動できるかどうかは、完全に縁故人事が叶うかどうかによる。年収はポスドクよりも1ランク低い場合が多いが、年齢が高い場合などはPIの裁量でポスドクと同程度になることもある。

**大学院生** | 通常研究センターには連携する大学があり、複数の大学から卒研生や大学院生を研修先としていわゆる「外研」として受け入れている。学生の指導はすべてPIが担うため、学生は大学の（書類上の）指導教授ではなく、研究センターのPIの研究方針に従う。たとえば、学位のためだけに論文を出させてもらえるということはなく、PIに認められるレベルの論文（理研なら『ネイチャー』級）を狙わなければならない。また、多数の学生を抱えるラボの場合、指導が行き届かず、ほとんど放任されるような場合もある。そういった場合に学生を救済するシステムは、教育機関ではないセンターには存在しない（すべてPIに一任されているため）。一方で研究センターによっては学生に給与を支払うシステムがある場合がある。たとえば、理研には大学院生リサーチ・アソシエイトという一部の博士課程の学生に給料を支払う制度がある（月額164,000円）(http://www.riken.jp/careers/programs/jra/jra26/)。

入った、あるいは時期的に注目している（つまりPIの「マイブーム的」）テーマを扱っているポスドクや学生に集中的に目をかけて、反対にそうではない（PIからみたら「つまらない」）研究テーマを扱っているポスドクや学生はかなり危機的な状況に陥る（「つまらない」といっても、最初はPIが「面白いからやってみろ」といって始まった研究がほとんどなのであるが…）。

　標準的な研究室ではポスドク1人につき、1年に1報程度のペースで論文を出す。あるいは、博士課程の学生なら3年に1報のペースでなければならない。研究室のホームページを確認すれば、ここ数年の業績を確認できるだろう。もしも、期待するようなペースで論文が出ていないような場合には、ポスドクあるいは学生の誰かが、"危機的な状況"に陥っている可能性もあるので注意した方がいいかもしれない。

　"危機的な状況"というものが、もしも民間企業であれば、人事なり他部署の同期社員なりがなんとか救ってくれる場合がある。企業では部署ごとに組織が分かれていても、人事的には流動的で互いにつながっているからだ。会社という組織の中には、（いい面も悪い面もあるが）同期や先輩後輩、昔の上司の"目"がある。しかしながら、研究センターではそうはいかない。研究室は、外から完全に隔離されている。ある研究室と、その隣の研究室では、人事的にはまったく繋がりがなく、（個人的な友人関係をつくらない限りは）お隣さん同士として廊下で挨拶する程度の関係でしかない。学生やポスドクが"危機的な状況"になったとしても、完全に孤立無援になってしまうこともありうる。

### ■ 隔離された研究室と不正の温床

　研究室は、いわば"独立国家"である。研究室はPIに権力が集中していて、PIのマイルールで統治されている小国のようなものだ。雇用されているポスドクやテクニカルスタッフ、そして学生はPIに逆らうことはできない。また、仮にPIが不正を働いていたとしても、スタッフがそれを告発することは難しい。なぜなら、PIが不正で解雇された場合、自分の所属する研究室がなくなってしまうからだ。雇用が途切れ失業するというだけの話ではない。それまでやっていた研究もすべて"オシャカ"にな

り、論文が書けなくなる。学生であれば、それは学位を失うことを意味する。この構造的な問題が具現化してしまった一つの例が、前述の大阪大学2億7千万円の不正経理問題である。不正が明らかになった教授は解雇され、研究室もシャットダウンされることとなってしまった。

　理化学研究所で1922年から始まった「PIラボ制度」。これは、まだ日本の科学が創成期であり、職人気質の時代だからこそうまく行った制度であろう。当時は期限のある任期もなく、研究室に集まった人材は急成長する国家の中では全員が超エリートで、全員の将来が約束されていた。仮にPIと喧嘩して飛び出したとしても、大学をどんどん増やしていた時代。どこかに就職先はあったのである。多少無茶なところがあっても、許される空気があったのだ。しかし、現在の研究室の状況はまったく異なる。現在のバイオ系研究人材のキャリアは暗雲立ち込める状況である。ポスドクになっても大学教授になれる見込みは少なく、テクニシャンに至っては何の将来性も見いだせない最悪の状態である。

　このままでは、研究室のスタッフは出世をするPIのために"踏み台"になってしまう。いや、"踏み台"にされたとしても、もしかしたらその中の何人かは自らもPIとして出世できるかもしれない。だが阪大事件のように、もしPIが不正に手を染めてしまうような場合、不幸の連鎖は想像を絶する。巻き添えを食ったポスドクや学生、そしてテクニシャンのキャリアはそこで終わってしまう。ではなぜ、研究センターはそこまでPIに権力を集中させる必要があるのだろうか。

## ■ 研究室を改革しなければならない

　現代の「PIラボ制度」の異常さは、企業のガバナンスと比較するとよくわかる。企業の研究所では人事権は人事部が、予算執行は経理部が、研究遂行は研究所長やマーケティング部の意向を踏まえて決められる。また、人材は社内で流動的であり、特定の研究室で徒弟制度が行われることは現代ではほとんどない。人的交流の繋がりがあるので、1人のリーダーが暴走したとしても、それは複数の監視の目によってすぐに露見する。企業の研究リーダーの権限は極めて限定的である。しかし、だからといって企業

の研究がうまくいっていないか、というとそうとも限らない。むしろ予算も人材も効率的に配備し、少ない予算でも堅実な結果を出すことができる企業も多い。

大阪大学の研究不正にあるような研究室の様々な問題は、この「PIラボ制度」にその元凶がある。次の節からは、「PIラボ制度」にまつわるさまざまな研究室の不正を掘り下げ、これがこの問題の源泉であることを示してみたい。

## 止まらない不正と、スタッフの暗黒

### なぜ、論文を捏造してしまうのか？

STAP細胞で話題になった小保方ユニットリーダー（当時）が筆頭著者になった『ネイチャー』誌の論文は、理化学研究所の調査によって、データの一部に捏造や改ざんがあったことが報告されている（理化学研究所発表資料 http://www3.riken.jp/stap/j/c13document5.pdf）（第1章、第2章参照）。真実が理研の報告通りであったとするならば、彼女はなぜ、捏造論文を作る必要があったのであろうか。その背景には、現代の研究センターの運営に特有の問題点があると考えられる。

まず一般論として、そもそも研究者には、見たいデータ（自分の支持する仮説に有利な証拠）が見えやすく、見たくないデータ（自分の支持する仮説に不利な証拠）は見えにくいものである。実験結果が見たくないデータであった場合それは、論文投稿が遠のくことを、学生であれば卒業が遠のくことを、私生活においては結婚などの人生設計の見直しが求められることを、引き続き終わりの見えない追加実験が続くことを、意味してしまう。「見たくないデータ」が出てきたとき、研究者は誰もが「このデータさえ、なかったことにできれば…」と心の底からつい"うっかり"願ってしまうものである。つまり、すべての研究者はデータの不正な処理、捏造や改ざんを（つい"うっかり"）してしまいたくなる動機を生来持っている。研究者がそういう動機を持つことは当たり前であり、その有無は大きな問題ではない。問題なのは、研究所がそういう動機をもつ研究者たちを管理する

第5章　バイオ研究者のキャリア形成と研究不正

ようなシステムになっていない、ということである。現代の研究センターには、そういう視点での管理運営が完全に欠如しているといえよう。これはよく言えば、性善説に立って研究者を信じているともいえる。しかし、不安定なキャリアに追い詰められている研究者を、果たして性善説だけで管理していいものであろうか。

「研究業界の中でのキャリア形成」(133ページ) で議論したように、ポスドクがキャリアを目指す場合に重要になるのは、いかに論文業績を積み上げたかということである。理研や京大など有名大学の研究センターのPIを目指す場合、バイオ系では『ネイチャー』や『サイエンス』、あるいは『セル』などの有名な科学雑誌に論文が掲載されたかどうかがその後のキャリアに大きく影響を与える。

そして、それらの雑誌に論文が掲載される可否が決まるのは、たった一つの電気泳動の写真かもしれないのである。実験を少し失敗してやり直さなければならなくなるということは、よくあることだ。しかし時間がなく、何かの理由で急いで論文を出さなければならなくなったというとき、写真の切り貼りなどは一番やってしまいがちな不正である。だからこそ、監視が必要となる。

画像ファイルや実験データなどは、生データを保存しておくのが基本であり、公平な立場の第三者がそれをいつでも参照できるようにすべきである。前述したとおりすべての研究者は不正を働く動機を持っているわけなので、「ほんのちょっとの出来心」で手を出してしまう不正をまずは防ぐ防波堤が必要である。その防波堤の役割を担うのは、本来はラボのリーダーであろう。

しかし、その防波堤が機能しない場合も多い。たとえば理研の「PIラボ制度」はどうであろうか。研究リーダーであるPIは、公平な視点でポスドクや学生の実験データを見ることができるだろうか。STAP細胞事件で実験データのねつ造を追及された小保方氏は独立したユニットリーダーであり、自分自身がPIであった。このようにPIが主体的に不正を働く場合、もはやそれを監視することは「PIラボ制度」では不可能である。

また、PIが主体的に不正を働かなくても、部下から上がってくるデー

タが自分の見たいデータ（自分の支持する仮説に有利な証拠）なのか、それとも自分が見たくないデータ（自分の支持する仮説に不利な証拠）なのかによって、データの解釈にはバイアスが生じてしまう。どんなに優れた研究者であっても、実験データの真贋を見抜くことは難しい。ましてやそれが自分に利害のある研究であれば、なおさらである。実際、小保方ユニットリーダー（当時）と論文を一緒に執筆した笹井グループディレクター（当時）は、結果的に彼女の捏造データを見抜くことができなかった。もしもSTAP細胞の研究が真実だったならば、論文を共同執筆した笹井氏のキャリアはさらに輝かくものであったに違いない。笹井氏は、ノーベル賞を受賞した京都大学山中教授のライバルと目されていたほどの優秀な研究者であった。最高レベルに優れた頭脳と経験があったにも関わらず、それでも捏造データを見抜けなかった。名実ともに天才科学者と謳われたあの笹井氏でさえ、「見たいデータ」に囚われてしまったという事実を見逃すことはできない。

　ここから得られる教訓はなんであろうか。まず、研究室の内部、もしくは外部に公平な視点でデータを見るポジションが求められる。たとえば、PIを監視し、かつPIから独立した人事によって選ばれた「サブPI」をラボに配属する、というのはどうであろうか。あるいは、研究室から上がってくるデータの確実性を保証する担当者、「ラボ・マネージャー」を配置するというアイデアもあるかもしれない。この詳細は後述の「『PIラボ制度』の解体と、新生」（152ページ）で議論することとしよう。

### ■ なぜ、セクハラやアカハラが生じるのか？

　対等な立場におけるセクハラやアカハラは、解決策は容易に見つかる。関係は対等なのだから、被害者がしかるべき対応をすれば問題を解決できる。たとえば、女子学生が同級生の男子学生に暴行を受けそうになったとしたら、警備室に連絡するか、もしくは警察を呼べばいい。問題なのは、被害者と加害者の関係が対等ではない場合である。加害者に依存するような立場であれば、被害者をその被害を表に出しにくくなってしまうのである。女子学生が自分の卒業単位を評価する立場の教授から身の危険を感じ

たとき、果たして即座に警備室や警察に連絡できるであろうか？

　研究室の人事システムを考えてみよう。たとえば、研究室に男性PIの好みのタイプの女子学生が入ってきたとき、そのPIが彼女を特別扱いしないようにする仕組みはあるだろうか？　実は、これはかなり難しい。すでに述べてきたように、PIは誰を採用するかどうかや、どういった学生を受け入れるかという人事権を握っている。さらに、予算の執行や、研究テーマの選定、就職先のあっせん、奨学金などの申請、学会の参加の可否、出張先ではどのホテルに泊まるか、など研究室におけるすべての権限を有している。また、仮に不正が明らかになってしまえば、PIもろとも研究室ごと制裁を受けてしまい、研究室のスタッフ全員のキャリアに傷がついてしまう。女子学生は自分のキャリアを不利にしてしまうだけではなく、研究室にいる同僚すべてを巻き込んでしまうのだ。こうして、アカハラは告発が大変に困難なのである。

　PIは自分のお気に入りのスタッフに良い研究環境を与え、自分に反論する小生意気なスタッフを"干す"ことだってできる。人間であるから、研究室の中で男と女の関係になってしまったとしても、まったく不思議ではない。問題は、それによって不公平が生じたり、誰かの研究遂行や学生の論文執筆に圧力がかけられたりすることである。

　ではどうすれば防げるのか。それは、「誰かに見られている」という感覚をつねに持たせるような仕組み作りが大事であると思われる。そういう感覚がPIに皆無だからこそ、民主党の事業仕分け第二弾で糾弾されたような、自分の妻を秘書として雇用したりもできてしまうのである。しかしそれはなにも、監視カメラを設置せよという話でもない。カメラではなく、研究室内には人事的にPIから独立した第三者を置くことはできるのである。アカハラやセクハラ被害を感じたスタッフがPIを告発しても、彼らが不利益を被らないような仕組みも作ることはできる。そのためには、PIの研究をバックアップできるサブPIや、研究室を管理するラボ・マネージャーの必要性が議論されるべきであろう。

### ■なぜ、予算執行が不適切になるのか？

民主党政権の事業仕分けの批判は多いものの、それまで隠されていた事実を暴露できたという評価も少しはしても良いかもしれない。2010年4月26日、政府の行政刷新会議（議長・鳩山由紀夫首相（当時））は理化学研究所のPIが自分の妻を秘書として雇用していることを指摘し、改善を要求した（行政刷新会議ワーキンググループ「事業仕分け」WG-B http://warp.da.ndl.go.jp/info:ndljp/pid/9283589/www.cao.go.jp/sasshin/shiwake/detail/gijiroku/b-6.pdf））。

繰り返し述べているように、妻を秘書としている事例は6件で、秘書の年収は600万円ということであった。これは憶測になるが、妻以外の愛人や、内縁状態の親しい人物を秘書に採用していたとしても、驚くことではない。真実はわからないが、PIにはそういうことができる権力があるというのは、事実である。

### 「研究室にお金がない、だから安月給で申し訳ないが手伝ってくれ」

そういうやりくりのなかで、たとえばたった年収100万円で妻を雇っているなら国民は納得するかもしれない。しかし、国民の平均給与（約400万円）をはるかに越える600万円である。もしかしたら、特殊な語学能力などがあり、能力に応じた収入なのかもしれないが、しかしそれならば600万円の待遇である理由を、国民に説明する責任があるのではないだろうか。

報道によれば、事業仕分けにあたった枝野行政刷新相（当時）は「多くの税金を使って今のままでいいのか、問題意識を持ってほしい」と、理研に迫ったという（朝日新聞 http://www.asahi.com/seikenkotai2009/TKY201004260129.html）。

このように理研のPIの経費感覚は非常に甘かったわけであるが、なぜそうなってしまうのか？　動機は明らかである。経費のチェックがゆるければ、誰だってルーズになるものだ。自分の妻をスタッフとして雇うことができ、しかも金額も自分で設定できてしまうなら、聖人君子であっても怪しいものである。やはり、第三者の「目」が必要なのである。

### ≡ なぜ、権力が集中するのか？

　理化学研究所で1922年から続く「PIラボ制度」では、PIに権力が集中してしまうことを議論してきた。権力の集中がよくないこと、というのは感覚的には誰にだってわかる。当然のことながら、研究内容については専門家であるPIに第三者が口だしをしづらいというのはあるだろう。しかし、秘書の人事や経費についてまでもが専門家じゃないとわからない、ということはないはずだ。

　もちろんこれは、理研だけの問題ではない。他の多くの研究センターでも同様の問題が発生している。なぜこのような状態が続いてしまっているのか。それは端的にいって、研究センターの人材が足りないからである。例として理研をモデルに説明すると、理研の組織は大きく分けて、経営層、研究推進部、そして単独の研究室、という3つの組織に分かれる。

　この3つの組織はそれぞれ、経営層は関連省庁から予算をかき集める活動をし、研究推進部は研究所運営の細やかな調整を担い、研究室の運営はPIが独立して実行する、というように役割を分担している。研究推進部の内部にはもちろん人事や経理などの組織があり、一応各研究室もそれを通して経営をしているはずである。しかし、研究推進部が各PIのマネジメントに干渉することはない。そもそも、研究推進部の職員はPIを「センセイ」と呼ぶ。「センセイ」と呼ぶような相手に対して、「ちょっとセンセイ、経費の使い方が、不適切じゃないか？」などと野暮なことは言いにくいと想像できる。また、不適切な経理を持ちかけられた出入り業者も、「センセイ」から頼まれた不正経理をどこまで断ることができるだろうかというと、大変に心もとない。

　例の大阪大学の不正経理問題は、他大学にまで大きく波及している。広島大学は、大阪大学の不正経理に関わった取引業者に対する制裁措置を発表している（広島大学、http://www.hiroshima-u.ac.jp/upload/0/houjin/chotatsu/5_torihikiteisi/torihikiteisi_20160104-20170103AZU.pdf）。預り金などは、そもそも取引業者にはほとんど利益のない話であり、取引停止のリスクもあるので本当は断りたいはずだ。しかし、それでもPIの依頼を断れないほど、その権力は強いといえる。

結局、現状では研究センターにおけるPIの権力集中を止める手だてはない。ということはつまり、研究不正はこれからもなくなることはないし、セクハラやアカハラも続くし、研究費の不適切な使途も今後繰り返されていくことが予想される。
　STAP細胞問題において、理化学研究所の第三者委員会の結論は理研CDBの解体であった。しかしマネジメントが刷新されたからといって、1922年から続く「PIラボ制度」とPIへの権力集中が変わらなければ、大きな変化は見込めないだろう。不正経理問題がクローズアップされた大阪大学も、何か具体的な打開策があるというわけでもない。このままでは、第二第三の研究不正がいつ生まれるともしれず、ゆくゆくは国民からそっぽを向かれ、日本の基礎研究は完全に叩きつぶされてしまうかもしれない。このような危機感をもって、国内の研究センターの将来を案じる必要がある。

> **コラム｜企業の研究体制はどうなっている？**
>
> 　研究室のさまざまな不正に対して予防措置があまりにも脆弱な理化学研究所をみてきた。では、民間企業の研究所はどうだろうか？ここで、製薬企業の研究所を一例として取り上げたい。取材した企業は匿名であるが、日本で五指に入る大企業である。
> 　STAP事件で"ポエム"のようだと話題になった小保方氏の実験ノートであるが、取材企業では完全に電子化されていた。ログイン状況や内容の変更は完全に記録され、ノートの改ざんは不可能である。また、研究結果からグラフや表などのデータを作る仕事は実験をした当事者ではなく、第三者が担う。本文でも述べたように、研究者は自分の実験データを良く見てしまう先入観を持つ。取材企業はそれを避けるために、データ解析を第三者に任せるのである。そして、そのデータを厚生労働省に提出するデータにする場合、さらに社内のデータセンターが独立に一から計算をし直し、グラフや表を作り直す。つまり、一つの実験結果から、複数の部署によって独立にグ

ラフや表が作られるのである。ここにはもはや、研究者の先入観や人為的なミスが入り込む余地はない。

では、業者との癒着構造はありえるのか？ 取材企業では、研究者が業者を選定することはせず、専門の部署が発注を担うこととなっていた。もちろん技術的な理由から研究者が業者を指定することもありうるが、納品・検収作業は研究室とは独立に会社の検収室でおこなわれるのである。そして、この検収室には人事異動でやってきた"元研究者"も在籍している。だから、購入した物品が研究内容に即していなければ、簡単に怪しまれることになる。このような体制によって、「預かり金」のような不正は防ぐことができる。

大学ではしばしば問題になる、アカハラ（パワハラ）やセクハラはどうであろうか。取材企業ではパワハラ対策室があり、立場の弱い社員を守る仕組みがしっかりあるそうだ。残念ではあるが、この企業でも毎年一部の社員によるパワハラが発覚するらしい。そのようなケースがあっても然るべき対応をしているという。そもそも、この企業では管理職になるために何段階もの試験や面接を課し、人物チェックや教育に力を入れている。論文業績だけで出世ができる大学や理研とは人間教育の仕組みが異なるのだ。

以上のように、取材企業では研究不正に対する非常にシビアな対応が見て取れた。理研もこのような企業の研究室を参考にしてはどうだろうか？

## 「PIラボ制度」の解体と、新生

### 人事の独立

全国の研究センターでは、研究室を主宰するPIにその権力が集中していることを議論してきた。なぜそのような権力がPIにあるのかといえば、PIの研究の独自性を高めるため、というのがその理由である。PIが世界

的に優れた研究を行うためには、PIにとって都合の良いスタッフを揃えるということに、ある程度の合理性は認められる。しかしながら、人事権の暴走を止める仕組みも絶対に必要である。そのためには、PIの研究を推進しつつも、PIの人事権を監視する第三者的な視点が求められるのである。

そこで本稿では、研究センターに「研究管理部（仮称）」という新しい管理部門を創設することを提案する。これがどのような組織であるのか、仮に理研に創設するとして、理研をモデルに議論をしてみよう。

新しい組織として作られるこの「研究管理部」は、PIから人事権を移行し、それを一手に担うものである。特に「秘書」と「テクニカルスタッフ」に対しては完全な権限をもち、直接雇用の「ポスドク」と外部から招へいした「外部研究者」に対してもサポート的な権限を有する（ここでいう外部研究者とは、大学との連携で派遣される外研の学生や外部研究員、学振PDなど）。また、研究管理部が直接雇用する「サブPI」という役職も新たに提案する。なお、研究管理部の財源は研究センター全体のPIが獲得してきた研究費の一部から捻出する。

次からは、研究室スタッフごとにどのような管理がなされるかを解説してみよう。

### ■ 研究室秘書の管理

「秘書」は、研究室所属ではなく研究管理部に所属し、研究管理部が公募して任用される。面接などの採用活動にPIは関与できない（推薦もできない）。秘書はPIからの要請を受けて、研究管理部から各研究室に派遣される。秘書は各研究室に1人というわけではなく、小規模な研究室であれば、1人の秘書で複数の研究室秘書を兼任するなど、予算に応じた柔軟な運用が可能となる。PIの転職や退職などで研究室が解散しても、秘書の雇用は影響を受けない。

秘書の人事がPIから独立することで、セクハラや明らかに不公平な任用（PIの家族や愛人・恋人を雇用すること）を避けることができる。また、PIが退職するなどして研究室が解散することになった場合にも、そもそも研

究室に所属していないので、雇用を安定化することが可能となる。秘書の数は研究室の数より少なくなるように調整する（小規模な研究室では、1人が複数の研究室秘書を兼任する）。これにより、人材が余るということもなくなる。

　また、研究推進部が育成計画を作ることで、研究室秘書に秘書としての能力を体系的に身につけさせることができるようになる。研究室の秘書という仕事に求められる語学力、研究費の申請や経理補助業務、理化学販売業者との調整や法的な知識など、プロフェッショナルな秘書として必要なスキルを身につけられるように、研究管理部は、秘書の育成計画を作り、育成が進んでいるか、効果があがっているのかを毎年審査する。

### ■テクニカルスタッフの管理

　テクニカルスタッフも秘書と同様に、研究室所属ではなく研究管理部に所属する。研究管理部が公募して任用される。面接などの採用活動にPIは関与できない（推薦もできない）。テクニカルスタッフはPIからの要請を受けて、研究推進部から各研究室に派遣される。

　次に、研究管理部はテクニカルスタッフのグレードとスキルを定義する。たとえばグレードは、欄外【テクニカルスタッフのグレードの例】で示すように、3段階で設置し、若手から上級ポジションまでを用意するのが望ましい。研究推進部はテクニカルスタッフを長期間雇用することを想定し、能力を向上するように育成計画を作る必要がある。

---

### テクニカルスタッフのグレードの例

**アソシエイト・テクニカルスタッフ**｜研究補助業務を担う。分子生物学、生化学など各分野の基本的な手技（大学院修士卒レベル）を身につけ、研究員や上級テクニカルスタッフの指示のもとに業務を遂行する。

**シニア・テクニカルスタッフ**｜博士卒レベルの研究遂行能力を持つ高度技術者。アソシエイト・テクニカルスタッフで3年以上の経験があると昇進試験を受けることができる。研究員の実験技術指導、研究遂行のサポートを行う。研究員の実験ノー

また、テクニカルスタッフの新しい役割として、研究データや実験ノートの管理業務を提案したい。欄外【テクニカルスタッフのグレードの例】にあるような最上級の役職（ラボ・マネージャー）の職位はPIに匹敵するものとし、実験ノートやデータに改ざんがないかどうかを監視する。研究員の実験ノートはラボ・マネージャーが毎日確認をし、署名する。

　ラボ・マネージャーは、これまでの日本の公的研究機関の研究現場にはない役職である。ラボ・マネージャーのより一層有効な役割は、若手PIの育成であろう。経験の未熟な30代のPIにいきなり研究室を運営させるのは、現実問題として最初から無理のある話だ。規模が3～4人程度の小規模な研究室の場合、無理に独立の部屋を用意する必要もない。たとえば大部屋に4つの小規模な研究室が共存し、合同で運営するような形にしてもいいはずだ。そのとき、その部屋のリーダーとなるのはPIではなく、テクニカルスタッフの上級ポジションである、ラボ・マネージャーなのである。

　ところで、学費が払えない大学院生に対して救済的にテクニカルスタッフとして雇用するという場面があった。あるいは、テクニカルスタッフのキャリアが不透明なため、博士号を取得してポスドクキャリアを目指さざるを得ない場合もあった。しかし、これは本来のテクニカルスタッフの機能ではない。テクニカルスタッフのグレードを作り、キャリアパスを確立することできれば、テクニカルスタッフとしてキャリアを積んでいこうという優秀な人材も増えていくと期待できる。

---

トや実験データを管理・整理する。給与待遇は一般的な研究員と同等か、経験によってはそれ以上とする。

**マネージング・テクニカルスタッフ（ラボ・マネージャー）**｜研究室運営のプロフェッショナル。PIの研究活動をサポートし、PIが若手の場合には研究室運営を指導する。シニア・テクニカルスタッフで5年以上の経験があると昇進試験を受けることができる。研究室内の物品の管理の他、実験ノートや研究データの保管に責任を持つ。給与待遇はPIと同等か、経験によってはそれ以上とする。テクニカルスタッフのキャリアターゲット。

> **コラム｜テクニカルスタッフセンター（TSC）**
>
> 　研究センターのテクニカルスタッフを、さらに高度なプロフェッショナル集団にするための組織作りも考えてみたい。たとえば理化学研究所や産総研のような大規模研究所で検討してみてはどうだろうか。研究所にテクニカルスタッフセンター（TSC）を設置し、さらにスキルレベルを民間資格化する（1級、2級、などスキルレベルに応じた理研資格を創設する）。また、関連する資格（毒劇物、放射線、技術士、TOEICなど）の取得もサポート・奨励する。このような高度なプロフェッショナル集団を形成することができれば、理研だけではなく、TSCから他の大学や研究機関、製薬企業等に人材を派遣することもできるようになる。理研や産総研が国内の研究機関のリーダーを目指すのであれば、TSCが他の研究施設からも評価されるような、本物のプロフェッショナル集団の育成を目指すべきである。

### ≡ 研究室運営のバックアップ体制の確立

　これまでの研究室には、PIは1人しかいなかった。そのため、STAP問題などがあった場合、あるいは、大阪大学の不正経理問題のような事件が生じた場合、PIの不正に巻き込まれて研究室の存続が危ぶまれるという懸念があった。秘書とテクニカルスタッフに関しては、前項で議論したように研究管理部が独立して雇用するシステムにすれば研究室がある日突然消えてしまったとしても大きな問題にはならない。しかし、所属する研究員（ポスドク）や大学から派遣されてきている大学院生にとっては、依然として大きな問題である。

　これを解決するために、PIに準ずるサブPI（上級研究員）のポジションを提案したい。サブPIの役割とは、PIとは独立した研究者でありながら、PIの研究分野を理解し継承することができるレベルの研究者である。これは、PIの育成も兼ねたものである。しかし、アカハラやセクハラの温床にならないよう、サブPIの人事や評価、そして研究遂行は完全にPIから独立したものにする必要がある。つまり、サブPIはPIの部下ではない。

サブPIは、研究設備はPIのものを借用する形をとるが、研究費は別枠で研究管理部から支給されるものとする。研究はPIと共同して行なっても良いが、PIに支配されることなく、PIとは独立して研究を行うことが望ましい。繰り返すが、サブPIはPIの部下ではない。

　サブPIは、他の研究員と同じように、一人の独立研究者として研究を遂行する。しかし、予算等はPIに依存せず（設備はPIの有するものを借用する）、研究管理部に所属する形をとる。サブPIの評価は研究管理部が行い、契約延長の審査など評価は第三者委員会を設置して行う（そのときにはPIはサブPIの評価に介入しない）。

　反対に、PIの研究評価に対しては、サブPIが評価メンバーに加わる。第三者委員会はサブPIの意見を尊重し、PIが適切に研究室運営ができているかどうか、アカハラやセクハラが起きていないかどうか、実験データや実験ノートが適切に運用されているかを聞き取り調査する。万が一PIの行動が不適切であると判断された場合、PIを解雇しサブPIをバックアップとして後任に据える。

### ≡研究センターは国家的な研究人材のプールとなれるか

　以上の提案を現実に実行した場合、現状のPIの人事権は完全に失われ、また研究室内のスタッフの一部（ラボ・マネージャーやサブPI）が独立した評価体制になることで、研究遂行に対する権限も一部が制限されることとなる。また、ラボ・マネージャーやサブPIなどの複数の目があることから、不適切な経理執行も以前よりもやりにくくなるであろう。

　このような研究室運営になることで、PIは自分の研究活動が阻害されてしまうという懸念を感じるかもしれない。しかし、実際には研究室運営はさらに洗練され、活性化されるのである。

　PIにとって、研究室運営のさまざまな業務は実際には負担でしかない。経験の浅い秘書、英語の喋れないテクニカルスタッフ、器具や薬品の管理、そして研究員や学生の実験ノートやデータの管理責任など、特にPIになったばかりの若手PIにとっては大変な負担である。今まで、日本の研究センターではそういうPIに対する教育もサポート体制も不十分であった

ため、研究室を立ち上げたばかりの数年は試行錯誤の連続になってしまっていた。

本稿で提案するように研究室組織を刷新し、役割分担と業務効率化によって次のようなメリットが見えてくる。

①若手PIにとって研究室の立ち上げがスムーズになる
②秘書やテクニカルスタッフの雇用が安定し、ベテランの人材が揃うようになる
③研究室の管理（ラボ・マネージャー）や、研究のバックアップ（サブPI）が存在することで、不正を未然に防ぐとともに研究遂行がより確実化する。
④アカハラ、セクハラの生じにくい仕組みを作ることで、研究所全体の生産性が上がる

以上の議論を実践をすることで、研究センター全体が適正化し、働きやすくなることを期待したい。これにより、優秀なスタッフが集まる（人材プール）ようになる。この人材プールは、所属員の技能（語学力や技術レベル）が可視化されることによって、その価値が明確になる。これにより、今度は国際レベルで海外から優秀な研究者がPIとして応募してくることも多くなるはずだ。【コラムTSC】でも述べたように、日本を代表する研究機関である理化学研究所や産総研には特に検討してほしい。これらの研究所は人材プールになり、社会にその高い技術を還元することが求められているからだ。現在は企業での基礎研究が縮小しつつあり、基礎研究を担う公的研究機関の役割はますます重要になっている。そこでは、人材を使いつぶすのではなく、人材を活かすことに力をいれるべきだろう。これが実現することによって、日本は真の国際的なトップレベルの研究ができる国になるのである。そして、それが国民に支持される日本のアカデミアの姿なのではないだろうか。

# 終章　研究不正を超えて
## ──健全な科学の発展のために

### STAP細胞事件が遺したもの

　STAP細胞に関する2報の論文が発表されて5年が経過した。ちょうど5年前（2014年）は、論文に研究不正含め様々な問題点があることが明らかになり、メディアの報道が過熱していたころだ。ワイドショーなどでもこの事件が取り上げられ、筆者も多数のテレビ番組に出演した。

　筆者がテレビ番組に出ることになったのは、さまざまな偶然が重なったからだ。古くから付き合いのある毎日新聞に出た筆者のコメントをほかのメディアが読み、多数のメディアから取材申し込みがあった。メディアに出たコメントを別のメディアが読み、また取材が入り…というように次第に取材が殺到するようになった。こうしてテレビにも出演することになった。

　同時期に本書の分担執筆者の中村征樹氏もメディアに多く登場していた。在阪テレビ局で中村氏と共演したこともあった。ただ、この事件でメディアに出演していたのは、我々のほか、医師で現NPO法人医療ガバナンス研究室代表の上昌広氏など、比較的少数に限られていた。しかも中村氏は別として、私や上氏など医師が大半を占めていた。

　これはいったい何を意味するのだろう。

　自らのことを省みれば、その理由はわかる。まず、当時私は病理診断に専念しており、理化学研究所に利害関係を持っていなかった。また、研究者としてよりは病理医としてのキャリアを歩んでおり、本件によって研究者コミュニティから嫌われたとしても不利益を被らないと思ったからだ。たとえ当時所属していた近畿大学を辞めることになっても、病理医として生きていくことができるという、医師免許の強みもメディア出演を後押しした。幸いにも近畿大学はメディア出演を後押ししてくれ、そのような懸

念は杞憂にすぎなかったのだが。

　教授になるとか、出世をするといった世俗的な野心がなければ、医師免許は言論にとって極めて大きな保険になる。それを証拠に選挙に出馬する医師は枚挙にいとまがない。弁護士出身の議員も多いが、同じような理由だろう。逆に言えば、医師免許を持っているような人間でないと、メディアで発言することができなかったともいえる。

　ただ、メディアで発言することが、果たして研究不正を考え、研究不正を防止するために役に立ったのかは心もとない。一部のメディアを除いて、関心は小保方晴子氏個人の動向に集中しており、研究不正をどう防ぐのか、といった冷静な議論はほとんどできなかったからだ。筆者はできる限り小保方氏個人への言及を避け、研究不正が起こる背景にある問題にも関心を持ってもらおうと努力したつもりであったが、果たしてその姿勢を貫けたのか、心もとない。理化学研究所の対応への批判を言わされたりしたこともある。生放送の即興的な状況では、なかなか意見を貫けるものではない。

　2014年も終盤を迎えるころ、報道は次第に下火になっていった。同年12月に理化学研究所から最終報告が出て以降は、思い出したかのような報道にとどまっていた。2015年初頭に小保方氏の著書「あの日」が出版されたときや、小保方氏が博士号を取り消されたとき、またその後小保方氏が雑誌に登場し、二冊目の著書を出版したときは多少報道量が増したが、今は「そういえばそんな話もあったよね」という程度の話題になっている。

　しかし、報道の嵐が去ったあと、いったい何が遺ったのだろうか。小保方氏がその後雑誌のグラビアに登場し、著書を発表するなどしたことが、逆にSTAP細胞事件は小保方氏の問題であるという意識が補強されてしまった感がある。研究不正を起こさない、起こさせないためにはどうすればよいのかという真剣な議論がなされないまま、現在に至っているように感じてしまう。

　もちろん、2014年に文部科学省の「研究活動における不正行為への対応等に関するガイドライン」が改定され、各大学や研究機関で研究倫理の教育が強化された。今は科学技術研究費補助金（科研費）を申請するためには、一般財団法人公正研究推進協会（APRIN）が提供するオンラインの講

義(eAPRIN)などを受講しなければならない。また、各学協会や大学でも、研究倫理の講習会を開催するようになり、その受講が必須となりつつある。筆者はAPRINの依頼で、全国の様々な大学や研究機関で講演をして回っている。

しかし、こうした研究倫理教育がどれほど効果的かはよく分からない。研究不正のことを何も知らず、不正な行為に手を染めてしまったというような事故的な事例を事前に防ぐ効果はあるだろう。しかし、義務なので仕方なく講習を受講しているという者も多いように感じる。もちろんこうした講習は絶対にやった方がよい。しかしその効果は限定的であるのは自覚しておいたほうがよいだろう。

最近著者がAPRINの依頼で何度か講演したことのある大学で研究不正の事例が発覚した。当事者の方が著者の講演を聞いていたかは分からないが、著者の講習が果たして効果があったのか、深く考えさせられてしまった。

## 研究不正の発生と環境要因

研究不正は講習では防ぎきれない…。だとするとどうすればよいのだろうか。

筆者はかねがね、競争的な研究環境や若手研究者の置かれた不安定な雇用が研究不正を誘発しているのではないかと思っていた。STAP細胞事件が渦中にあった2014年に発売された拙著『嘘と絶望の生命科学』(文春新書)でも、そのことを強調したし、その後の総説などでも、研究不正を起こさせないためには、安定雇用や過度な競争の是正が必要だと書き続けてきた。

2018年に発覚した、京都大学iPS細胞研究所の研究者が起こした研究不正は、こうした推論が正しかったのだと思うような事例だった。研究不正を起こしたのは、当時30代後半の任期付き助教だ。この人は、博士号取得からしばらくたち、科研費の若手枠の申請ができない年齢になりつつあった。しかも助教の任期の終了が迫っていた。そんなさなか、その人は実験

データを改ざんし、論文を出した。この論文がきっかけになり、研究費を得ることができた上、任期後の雇用も約束されていたのだ。

この事例は、まさに若手研究者の不安定雇用が起こしたものではないか…。筆者自身も、この事件を知ったネット上の人たちもそう思った。研究者の生き残りをかけて研究不正を行い、不正行為で利益を得たという分かりやすい構図に多くが納得したのだ。

実は本稿も、2014年に草稿を書いたときには、若手研究者の置かれた不安定な雇用や、選択と集中による過度に競争的になった環境などが研究不正の背景にあると仮定して、その現状を示すデータを多数紹介する内容であった。追い詰められたら人は犯を犯す。レ・ミゼラブルの主人公ジャンバルジャンのように、貧困から犯罪をしてしまう。このように研究不正も環境が引き金になって起こるのではないか。そう思ったのだ。

ところが、ファネリ（Fanelli）らが2015年に出した論文によると、必ずしもそうではないようだ[*1]。2010年から2011年にかけて撤回もしくは訂正された論文を精査したところ、論文の撤回は、研究の公正さ（研究公正）を維持する方針が不十分である国、個人の出版の評価がカネで評価される国、相互批判が妨げられる文化や状況で起こるのであり、出版しなければならないというプレッシャーとは無関係だという。論文の撤回の多くは研究不正によるものであり、この結果は研究不正と読み替えてもいい。ファネリらは、論文出版に対するプレッシャーが研究不正を誘発するというのは「神話」にすぎないともいう。

なぜこのような「神話」が信じられているのか。ファネリらは、多数の論文を撤回したことがある著者が注目を浴びすぎて、研究不正を起こす者のステレオタイプが作られたからではないかという。

だとすると、考えを改めなければならない。確かに個々の事例を見れば、競争的な研究環境や論文を出版しなければならないという圧力が影響を与えているケースはあるだろう。ファネリらもそれは否定しない。

「不正のトライアングル」によれば、不正を行う動機（プレッシャー）、不正を行う機会、不正を行うことに対する合理的理由（不正を正当化する理由）の3要素がそろったとき、人は不正を行うという[*2]。iPS細胞研究所

の事例では、動機としては短期雇用であり、研究論文を出さなければ任期延長がなかったこと、機会としては、データを加工することが可能であったことがあったと推定できる。正当化の理由ははっきりしないが、研究者の心のなかに、これくらいはやって当然という何らかの意識が芽生えたのだろうか。

　ただ、研究者に対するプレッシャーは不正行為を行う要素の一つに過ぎず、研究不正を防ぐ対策を考えるときに過度に重視すべきではない。不正の機会と不正を正当化する理由を少なくする方策だ。それには研究公正に対する国の方針や相互批判の文化が十分かどうかを見ていくことが重要だ。

## 不十分な国の方針

　では、研究公正に対する国の姿勢をみてみよう。日本は残念ながら、研究公正に関しては後進国であると言わざるを得ない。先に文部科学省の新しい研究不正ガイドラインについて触れたが、このガイドラインの最大のポイントは、各研究機関や大学が行う研究不正対策の方針を示した点にある。研究不正の事例が発生したときには、各研究機関、大学は責任をもって調査を行なう必要がある。また、それぞれの組織で、研究公正に関する教育をしていなければならない。

　それは正しい方針だと思うのだが、問題は、各機関が研究不正事例をきちんと調査できるかだ。残念ながら日本の研究機関は研究不正に対する調査が十分できていないのではないかという指摘がある。『ネイチャー』誌は、元弘前大学の教授である佐藤能啓氏（故人）が起こした研究不正について触れている[*3]。序章に書いた通り、この研究不正は史上最悪と言われるもので、診療ガイドラインに佐藤氏のグループが書いた論文が多数引用されていたこともあり、その影響はSTAP問題の比ではない。同誌は佐藤氏と共著者が所属していた機関に対して、研究不正の調査がどのように行われたかを質問したが、十分な回答が得られなかったという。

　ほかにもいくつかの事例が、日本の研究不正の調査体制の不備を示している。岡山大学で起こったケースが顕著だ。同大薬学部に所属している教

授2名が、同大医学部に所属している研究者らの論文におかしな点があると疑義を訴えた。それにより研究不正か否かを判定する内部調査が行われたが、研究不正がないとの結論に達した。それでこの件は終了と思いきや、その後研究不正の疑義を申し立てた2名の教授は、大学の品位を傷つけたとして、同大から解雇されてしまったのだ。また、ガイドラインによれば、内部調査の報告書は研究不正がないと結論すれば公表しなくてよい。これは、研究者を貶めるために起こされる虚偽の研究不正申し立てを防ぎ、訴えられた研究者を守るという意味もあるのだが、解雇された教授や外部の人間にとっては、どのように研究不正ではないと結論したのかを検討することができない。実は情報開示請求という裏技で内部調査を入手することはできるのだが、請求するには手間がかかる。

同様のケースはほかにもある。東北大学の学長が関わったとされるケースでは、疑義を訴えた教授に処分が下された。東京大学の分子細胞生物学研究所（当時）と同大医学部の研究者の研究不正の疑義が訴えられたケース（第2章参照）も、医学部の研究者の研究不正が認定されなかった理由が公開されず、主要な学会の長などを務める関係者を守るために研究不正の認定をしなかったのではないか、と取りざたされる事態となった。

また、研究不正が認定されても、調査が公正に行われたか疑問の声が上がるケースがある。ある事例では、自らの行為を正直に証言した者が処分を下され、黙秘をした者の罪は問われなかったという。「正直者が馬鹿を見る」といった事態だ。

なぜ大学は研究不正の認定に及び腰なのだろう。一説には、訴訟を恐れているからだという。ある研究不正の事例では、研究不正が認定された研究者が地位保全を求める仮処分を地裁に申し立て、和解が成立した。この件が関係者に衝撃を与えた。裁判所は研究不正を行った者であったとしても、弱者救済としてこの研究者の言い分を聞いてしまう。このため、研究機関が研究不正を認定し、何らかの処分をすることになっても、地位は守られてしまうことになる。一方、岡山大学の事例では、研究不正の疑義を申し立てて解雇された教授らの地位保全の仮処分は棄却されてしまった。こうした事例をみると、研究機関にとって研究不正の調査を行い、研究不

正を認定することは、時間と労力を取られるうえ、訴訟さえされかねない厄介な事案なのだ。だったら、研究不正の認定などせず、さっさと終わらせた方が得であるというインセンティブが働いたとしても不自然ではない。

なぜこのような事態が生じるのか。それは研究不正の認定というセンシティブな行為を、利害関係者が多くいる研究機関の中で行わせているからだ。確かに研究不正の調査では外部機関所属の評価委員が入り、公平性を保つことになっているが、研究機関の内部事情に疎い外部委員がどこまで調査に影響を与えることができるのかは不透明だ。

こうしたこともあり、研究不正の調査に第三者機関が関わる国も多い[4]。アメリカにはた「研究不正の連邦規則（Federal Research Misconduct Policy）」という法律がある。これに基づいて国家機関が研究不正の調査の監視などにあたっている。有名なのが研究公正局（ORI）だ。保険福祉省の予算を受けた研究に関する研究不正の調査や、各機関が行う調査のモリタニングなどを行っている[5]。よく勘違いされるが、ORIはあくまで保健福祉省の予算を受けた研究者が対象なので、すべての研究分野を網羅しているわけではない。国立科学財団が配分する予算を使った研究における不正は観察総監部（OIG）が担当する。

本稿執筆中に、スウェーデンが研究不正の調査を行う国家機関を設立するというニュースが入ってきた[6]。スウェーデンでは、著名なカロリンスカ研究所の呼吸器外科医であったマッキアリーニ氏が行った実験的気管移植法の試験に研究不正が見つかり、患者が死亡するという事態となったことが大きな注目を集めていた。カロリンスカ研究所は、いったんはマッキアリーニ氏に研究不正がないと結論づけたが、その後独立した調査によって研究不正が明らかになった。このケースが、研究不正を調査する国家機関の設立につながったという。こうした研究不正に関する国家機関は2017年にデンマークに設置されたのが最初だ。

イギリスにはこうした国家機関は存在しないが、研究機関や個人に助言を行う非営利組織、英国研究公正室がある。しかし議会の委員会の調査によって、研究機関の1/4が、2012年に発表された「研究の完全性ガイドライン」に準拠していないことが明らかになった。このためこの委員会は大

学の不正行為捜査を監視するための国内委員会を設置することを提案した。中国も度重なる研究不正事例に各国から強い批判を浴びたことで、2018年に共産党と国務院が研究不正対策を発表した。この改革で、科学技術省（MOST）が調査の管理と科学的な違法行為の事例の裁定を担当することになった。

　このように、研究不正の対策に政府の関与を強めている国が増えている。しかし、日本の政府からはこうした動きは聞こえてこない。あるシンポジウムで文部科学省の担当者の発言を聞いたが、「学問の自由」を尊重しているので、対応を各研究機関に任せていると述べるにとどまっていた。果たしてこれでよいのだろうか。序章で述べたように、現在撤回論文数ランキング上位15位に6人の日本人研究者がおり、上位5位に限って言えばトップを含め4人が日本人だ（2019年9月現在）。世界中からこうした状況を批判されている。何も諸外国のマネをしろというつもりはないが、諸外国からの疑念を払拭する対策が求められている。

## 相互批判の難しさ

　研究不正を誘発する環境要因の一つ、相互批判のなさを考えてみたい。
　先に挙げた撤回論文数ランキング上位に掲載されている6人の日本人のうち、5人は医師だ。残念ながら医師には、相互批判の文化が乏しいと言わざるを得ない。どの大学を卒業したかや○○年卒といった卒業年次が重要視され、旧態依然とした医局制度があり、上級の医師に意見を簡単に言えない文化、「隣の科は外国より遠い」と言われる縦割り組織といった問題があることは昔から指摘されている。研究データをめぐって自由に意見が言えるとは思えないのが現実だ。もちろんこれは何も医師に限ったことではない。批判と個人攻撃を区別できない文化は思い当たる節があるだろう。徒弟制度のような上下関係もまだ多く残っており、盲目的に指導者の言うことに従う傾向がある。指導者に間違ったことを教えられても、修正することができない。相互批判を文化にするにはまだ乗り越えなければならない壁があるといえるだろう。

相互批判の文化どころではない、上意下達の文化とでもいえる環境が引き起こす研究不正もある。上司に研究不正をすることを命じられ、断ったら制裁を加えられるというケースだ[*7]。「ある教授に組織ぐるみの不正の存在を指摘したところ『ポスドクふぜいが、教授が研究不正をしていても口出しするな』と恫喝され、退職の勧奨、学会参加の妨害を含む様々な嫌がらせを受けた」というケースもある。

　STAP細胞においても、多数の共著者がいたにも関わらず、小保方氏の問題点を指摘する者はいなかったといわれる。小保方氏の生データやノートの確認も行われていなかった。共著者の誰かが、「これはおかしい」とか「この根拠は」などと言うことができれば、事前に問題を明らかにすることができたかもしれない。繰り返し研究不正を行なう「repeat offender」が日本から多く出るのも、相互批判がしにくい環境があったからだろう。そう思うと、相互批判の文化の重要性が分かる。

　アメリカのORIが作成している研究不正防止のポスターには、研究室の主催者の心得として、教授室の扉を開けて部下たちが訪ねやすいようにすることや、コミュニケーションをよくとり、部下が何を思っているのかを把握することが挙げられている。これらは相互批判の文化にも通じる。互いの思いを把握し、コミュニケーションをしやすい風通しのよい研究室にすることが、研究不正を防ぐことにつながるのだ。

## 研究不正を起こすな、の限界

　しかし、思うことがある。研究不正を起こさせないことが、さまざまな研究不正対策のゴールなのかということを。絶対やってはいけないことと強調する、研究不正の事例の詳細を解説することで、研究不正に対する関心を高めてしまうのではないか。これが研究不正さえしなければよいという意識を高め、こうすれば研究不正にならないと具体策を思いつかせ、研究不正すれすれの行為を誘発するのではないか。それはあたかも、子どもに「この箱を絶対に開けるな」と強調したために、逆に子供が箱を開けてしまうということに通じる。自死の報道などでも、具体的に報道してしま

うと、模倣する者が現れるといわれる。

　そうだとすると、そもそも研究不正がなぜいけないか、という根本に立ち返る必要があるように思う。研究不正がいけないのは、ルールを守らないことが道義的に許されない、ルール違反だ、ということだけではない。研究不正が発生すれば、不正な研究にかかった研究費や、調査にかかった費用が無駄になる。調査に費やした時間が無駄になり、本来できたはずの研究ができなくなる。不正論文を引用した研究が無駄になり、引用しようとした研究者の時間とお金を奪う。研究機関の信用を貶める。そしてひいては科学の発展を阻害することになる。

　こうした損害は、何も研究不正だけで引き起こされる問題ではない。ずさんな研究が行われ、再現できない研究が行われたら、研究不正と同じように無駄な費用がかかり、それを引用する研究がだめになり、研究機関や科学への信用を失い、科学の健全な発展を阻害する。研究不正が悪いということを強調しすぎたため、研究不正に至らないが問題となる行為を誘発したとするならば、結局科学の健全な発展が阻害されることにつながりはしないだろうか。

　そう、研究不正防止の教育のそもそもの目的は、科学の健全な発展を促すことなのだ。だとすると、狭義の研究不正（捏造・改ざん・盗用）だけを語っても意味がない。研究不正に至らないが、問題ある行為についても知っておかなければならない。

## グレーゾーンの存在

　ステネックによると、健全な研究を行うことは「責任ある研究行為」（Responsible Conduct of Research）と呼び、捏造（fabrication）・改ざん（falsification）・盗用（plagiarism）（FFP/ネカト）と対局にあるとされる[8,9]。そして、「責任ある研究行為」とFFP/ネカトの間には、「疑念ある研究行為」（Questionable Research Practice; QRP）とされる行為がある。いわばグレーゾーンだ。

　QRPは多岐にわたる行為で、どれも狭義の研究不正にはあたらないが、

研究の発展を阻害する行為だ。論文の記述が不正確であることや、論文の査読が不透明で偏向していること、論文の著者としてだれを入れるかという問題、研究不正とほぼ同等に扱われることも多い二重出版、研究者の属性に対するバイアス、そして企業から資金を得ていることによる利益相反問題などがQRPとされる。

発表不正もQRPにあたる。これには著者の順序を入れ替えたり、未採択論文を印刷中論文のリストに入れる、出版していない論文を出版論文リストに入れるといった行為が当てはまる。

論文の作成に関わっていない者を著者にいれるギフトオーサーシップや、論文に深くかかわった者を著者から外す「ゴーストオーサーシップ」はよく知られている。STAP細胞の事例ではギフトオーサーシップが取りざたされた。

このほか、文献引用の間違い（citational errors）や引用の間違い（quotational errors）もQRPの例として挙げられている。ある記載を補強するために引用した論文が、まったく逆のことを言っていたという例もあり、大きな問題を引き起こしている。利益相反の隠匿の問題も深刻だ。高血圧治療薬バルサルタン（商品名ディオバン）の事例では、製薬会社の元社員が身分を偽り論文作成に関わり、データを改ざんしていた。本来こうした利害関係はきちんと表示すべきであり、まさに利益相反の事例であるといえるが、利益相反の申告が義務付けられているのは、バイアスが生じる可能性があるからだ（第4章）。近年「無意識のバイアス」の存在が研究に大きな影を落としていることが明らかになっている[*10]。バイアスは存在しているものとして、その可能性をのちに精査するためにも、バイアスの公開、透明化は極めて重要なのだ。

こうしたQRPは研究不正よりはるかに多い。国立衛生研究所（NIH）から研究資金を得た研究者対象の匿名のアンケートでは、改ざんおよび研究データに手を加えたことがある研究者は0.3パーセント、他人のアイディアを盗用したことがある研究者は1.4%であった[*11]。しかし、論文執筆者を不適切なかたちで表記した者が10%、他人の不備あるデータや懸念あるデータ解釈を見過ごした者が12.5%、不正確だという直観だけで、観察結

果やデータを分析から排除した者が15.3％、研究資金配分機関からの圧力によって、研究のデザイン、方法、結果を変更した者が15.5％、研究プロジェクトを急いで完了させるために手抜きをしたものが23％、研究プロジェクトにかかわる記録を適正に保管しなかった者が27.5％いるなど、実に33％もの研究者が、研究不正以外の問題行為を行っていたのだ。研究不正だけ取り締まっても、QRPに手をつけなければ、健全な研究など達成できないのは明らかだ。

## QRPからDRPへ

しかし、これだけ問題があり、科学の健全な発展を阻害している行為を「疑念ある」といった穏やかな言葉で表現してもよいのだろうか。問題ある行為であるとはっきりと言わないといけないのではないか。

アメリカの科学・工学・医学アカデミーは、2017年に公表した報告書のなかで、疑念ある行為では生ぬるいので、有害な研究行為（detrimental research practices; DRP）と呼ぶべきであると提案した[*12]。DRPはQRPと重なる部分が多いが、QRPより広い。

DRPには、研究不正に対する組織の制度、政策、手続き、能力が不十分であることも含まれる。また、研究者を搾取したり無視したりするような研究環境も有害な行為であるとする。そして最近話題になっている悪徳雑誌の行為や、論文の査読者が行う問題行為もDRPに含まれる。

悪徳雑誌は捕食ジャーナルやハゲタカジャーナルとも呼ばれる。2018年から19年にかけて毎日新聞が盛んに報道したことによって、一般にも知られることになった。悪徳雑誌はお金を払えば査読なしで論文を掲載してくれるが、品質管理などなく、高額な掲載料を要求される。知らずに悪徳雑誌に投稿するケースもあれば、手っ取り早く業績を出すために利用している研究者もいる。毎日新聞の調査によって、九州大学を筆頭に、旧帝国大学などにも悪徳雑誌に論文を掲載している研究者が多数いることが明らかになっている。

一連の報道を主導した毎日新聞の鳥井真平記者は日本科学技術ジャーナ

リスト会議から科学ジャーナリスト賞を授与された[*13]。受賞理由は以下のようなものだ。

> 「掲載論文の品質管理をせず高額な掲載料を徴収する『ハゲタカジャーナル』の問題点を鋭く衝いている。この報道を契機に文部科学省や大学でハゲタカジャーナルに注意を促す動きが生まれた。科学・技術ジャーナリズムの原点に迫るものだといえよう。」

この受賞理由に書かれているように、悪徳雑誌はお金を払えば論文が掲載される雑誌だ。しかし対応はずさんで、それを知らずに間違って論文が掲載されてしまえば、撤回することができなかったり、そういった雑誌に掲載したことのある研究者だとして批判されたりもする。こうした悪徳雑誌を、業績の水増しなどに利用する研究者もおり、問題を複雑化している。

日本医学会は2019年3月、こうした悪徳雑誌の横行に注意を喚起する文章を発表した[*14]。この文章では、悪徳雑誌の影響として

- 高額な論文掲載加工料を請求する
- 著者や所属機関が否定的な印象を受ける
- 掲載論文が広く流通せず、また業績評価の対象とならない
- 掲載論文の永続的な保存が保証されない
- 投稿論文を取り下げることができず、また一度発表された研究内容は他誌には投稿できないため、研究成果が埋もれてしまう

といったことを挙げ、注意喚起している。

統計学の誤用もDRPに入る。近年実験を繰り返したりデータに手を加えたりすることで、統計的有意差を無理やり出す行為が横行していると指摘されている[*15]。アメリカ統計学会や一部の研究者たちは声明を発表し、統計データの透明性を確保することを主張している。無理やり有意差を出し、それで学位が取れ、職が得られ、研究費が得られることになったとしても、その研究に意味はなく、社会に何ら貢献しない。

このように、DRPは多々あり、これらは研究不正と同じように経済的損失を与え、研究者の時間を奪い、知識の前進を阻害し、研究施設の信頼を失わせる行為だ。アメリカの科学・工学・医学アカデミーは研究不正とDRPあわせて、年間1億ドルの経済的な損失を与えていると指摘している。

QRPやDRPのうちどこまでが悪質で、どこまでがそうでないかの線引きは極めて難しいという問題もある。文化や時代によっても変わる曖昧なものだ。そう考えると、研究者には、研究不正とQRP、DRPはどちらも問題ある行為で、科学の発展を阻害することを教えていくべきなのではないだろうか。

## ずさんな研究の横行

先のファネリらの論文では、論文の撤回ではなく訂正に関して言えば、競争的な環境が関与する可能性を指摘していた。論文の訂正は研究者の自発的な行為であるから、撤回とは独立した行為であるという。そういう意味で論文を訂正するというのは賞賛すべき行為であるともいえる。

しかし、論文の訂正が必要になったということは、何らかの形で研究に問題があったということだ。ミスは誰にも起こりうることで、仕方のない部分もあると言えるが、論文の内容をよく精査せず拙速に出していたことや、研究手法や研究計画がずさんであったことを示すものでもある。このように、研究不正やQRP/DRPがなかったとしても、研究の立案や研究デザインなどに問題があれば、それは研究の健全な発展に害を与えることにならないだろうか。

チャルマー（Chalmer）とグラスゾー（Glasziou）は2009年に『ランセット』誌に発表した論文で、85％の研究がムダであり、1000億ドルの損失を出しているという主張をしている[*16]。衝撃的な主張だが、その根拠は以下のようなものだ。

医学研究の多くは患者や臨床医に関係のない問いを立てている。優先度の低い問いが扱われていたり、重要な（過去の）研究成果が評価されてい

なかったり、研究計画設定に臨床医、患者が関わっていなかったりする。
　たとえこれらの問題点がなかったとしても、研究デザインや手法が不適切なものが多い。50％以上の研究が先行論文の網羅的評価をしていないか、先行論文によって示された根拠を参照しておらず、50％以上の研究がバイアスを減らすための適切な手順を踏んでいない。さらにこうした問題点がなくても、成果のすべてが論文化されておらず、また、バイアスがない利用可能な結果にはなっていない。50％以上の研究が部分的にしか発表されていないし、望ましくない結果が出た研究はあまり公表されない。そして治験の30％の記載は不十分で、計画された研究成果の50％以上が報告されておらず、新しい研究のほとんどは、他の関連するエビデンスの体系的評価の文脈で解釈されていないのだ。
　2019年に翻訳された『生命科学クライシス　新薬開発の危ない現場』(リチャード・ハリス著、寺町朋子訳、白揚社、2019) は、さらに衝撃的な事実を告げる。同書は乳がん細胞と黒色腫細胞を間違えて、1000件以上の乳がん研究がおこなわれたこと、糖尿病や心臓病などの疾患との関連が報告された遺伝子の98.8％が、のちに関連が否定されたこと、実験の結果が出た後に、それをうまく説明できるように仮説を立てなおすことが横行していること、わずか数匹のマウスの実験結果をもとに、人での臨床試験がおこなわれたこと、マウスで開発された敗血症治療薬150種類すべてが人では効果がなかったことなどを明らかにする。著者が関わる病理診断の分野でも、乳がんの治療方針を決める、腫瘍細胞がHER2と呼ばれるタンパク質を作っているのかを確かめる免疫組織化学染色という方法に再現性がないことを指摘している。同書は医学や生命科学が学問分野として非常に問題点を抱えていることを厳しく指摘しているのだ。
　問題なのは生命科学だけではない。『心理学 7 つの大罪』(クリス・チェインバーズ、大塚紳一郎訳, みすず書房, 2019) では、心理学研究のずさんさが明らかにされている。チェインバーズが指摘する心理学研究の 7 つの大罪とは

　　①心理学はバイアスの影響を免れていない

②心理学は分析に密かな柔軟性を含ませている
③心理学は自らを欺いている
④心理学はデータを私物化している
⑤心理学は不正行為を防止できていない
⑥心理学はオープン・サイエンスに抵抗している
⑦心理学はでたらめな数字で評価を行っている

のことである。

　このように、研究不正やQRP/DRPを行わない研究をしたとしても、それが人々に貢献し、人類に新しい知見をもたらし、社会を豊かにすることにつながらない研究が横行している。研究論文は年々増加し、一人の研究者が読むことができる論文はごくわずかだ。多くの論文はほかの研究者に対して読まれもせず、引用されることもない。こうした研究者のための研究者による論文が、研究を行わない人々から徴収した税金で行われている。学問の自由は確保されるべきだし、政府が研究に関与することは慎むべきだが、研究者自身が、あるいは研究者コミュニティ自身がこの問題を真摯に受け止め自浄作用を発揮しない限り、自由と身勝手さをはき違えた研究を社会は許容しないだろう。

## 目指すはよい研究

　最後に新たな取り組みを紹介したい。
　上で述べたように、研究不正の事例を取り上げ、これはダメ、あれはダメということには、意味がないわけではないが、効果は乏しいといわれる。やってはならないことや守るべきことを示す目的で行う倫理を予防倫理という[*17, 18]。予防倫理は内向きで、教育を受けたものを萎縮させる効果を持つ。
　これに対して最近注目を集めているのは志向倫理と呼ばれるものだ。この倫理は優れた意思決定と行動を促すことを目的に行われる外向きの倫理で、教育を受けたものを鼓舞し動機付けさせる効果を持つ。

研究不正の調査・分析に関する論文を多数発行している松澤孝明氏（文部科学省研究開発局開発企画課研究開発分析官）は以下のように述べる[19]。

今日，研究倫理教育では，必要な「知識」に加えて，新しい課題や状況に直面したときに「適切な行動を選択する能力」の習得が求められているのではないか。また，研究不正の規範的性格から，国・地域や分野，あるいは時代によって違いがある以上，研究倫理教育は一度身に付ければよい「知識教育」というより，継続的・反復的に行われるべき「思考・行動様式のトレーニング」と考えられる。かかる視点から，予防倫理的な教育に対して，優れた意思決定と行動を促すための，よりポジティブな教育として「志向倫理（Aspirational Ethics）」の重要性を指摘する専門家もおり，試行的な取り組みも始まりつつある。

現在研究倫理教育において志向倫理をどのように取り入れるべきか、議論が始まっており、講習会も行われるようになっている。関西大学の片倉啓雄教授は、志向倫理はすべきこと為したいことを考えさせる、プロ（社会人）としての行動を考えさせる倫理であり、慣習として当たり前だと思っていたことをそうでないと気付かせること（脱慣習）を目指すべきとする[20]。このために、参加者のボトムアップで教育を行うべきであり、ルールを提案したり、グループ討議を行ったり、批判（助言）したり、創造的な別の案を提案したりするようにすべきだという。一方予防倫理は「するべからず」を学ばせる、個人の行動の是非を教える倫理であり、講師から教わるトップダウンの座学中心の形式のなか、慣習の範囲内で考え、ルールに従うことを学び、非難したり、妥協・二者択一させたりする。志向倫理とは真逆だと言える。

残念ながら著者がAPRINの依頼で研究機関をめぐったり、学協会からの依頼で講演したりする場合、時間も限られており、事例の紹介を行うトップダウン形式の予防倫理になってしまう。参加者自らが主体的に行動を起こすきっかけとなるにはどうすればよいか、模索している。

本書も予防倫理の段階を超えることができなかったかもしれない。しか

し、各著者の論考を読めば、研究不正は単純な問題ではないし、研究不正だけを取り上げても問題の解決にならないことは理解していただけたと思う。皆さんが志向倫理の考えを取り入れ、研究不正をやってはいけないという小さな範囲を超えて、よい研究とは何か、それを行うためにどうすればよいか、考え行動することを願っている。

　STAP細胞事件という、世間を騒がせた一つの研究不正事例から始まった研究不正をめぐる旅は、どうやら終着らしい。たった一例の研究不正には、研究不正をめぐる様々な論点が含まれていた。もちろん一例だけでは語りつくせないことも多々ある。読者の皆さんは本書を読み終えたあとは、新たな旅に出てほしい。研究不正をめぐるあらたな旅に出るか、別の旅に出るかは皆さんにお任せしたい。旅のどこかでお会いできることを楽しみにしている。

注

\*1　D. Fanelli, R. Costas, V. Larivière, "Misconduct Policies, Academic Culture and Career Stage, Not Gender or Pressures to Publish, Affect Scientific Integrity", https://doi.org/10.1371/journal.pone.0127556

\*2　https://www.tabisland.ne.jp/acfe/fraud/fraud_113.htm

\*3　H. Else, "What universities can learn from one of science's biggest frauds", *Nature*, 570, 287-288, 2019.

\*4　諸外国の研究公正の推進に関する調査・分析業務成果報告書、http://www.mext.go.jp/a_menu/jinzai/fusei/__icsFiles/afieldfile/2019/07/16/1418732_01.pdf

\*5　https://ori.hhs.gov/

\*6　H. Else, "Scandal-weary Swedish government takes over research-fraud investigations", *Nature*, 571, 158, 2019.

\*7　原田英美子「トップダウン型研究不正の手法解明——捏造・アカハラ研究室でいかに生き残るか？ 東北大学金属材料研究所の例から学ぶ」、『金属』、第86巻、12号、91-102、2016、http://www.jsa.gr.jp/commitee/kenri1612harada.pdf

\*8　NH. Steneck, "Fostering Integrity in Research Definitions, Current Knowledge, and Future Directions", *Science and Engineering Ethics*, 12, 53-74, 2006.

\*9　白楽ロックビル、http://haklak.com/page_QRP_1.html

\*10　榎木英介「科学を阻害する『無意識のバイアス』とは？」、https://news.yahoo.co.jp/byline/enokieisuke/20170831-00075159/

\*11　B.C. Martinson et al., B.C. Martinson et al., "Scientists Behaving Badly, Scientists Behaving Badly", *Nature*, 435, 9, 1, June, 2005, 737-738.

\*12　National Academies of Sciences, Engineering, and Medicine; Fostering Integrity in research, 2017.

\*13　https://jastj.jp/jastj_prize/

\*14　http://jams.med.or.jp/jamje/attention_vicejournal.pdf
\*15　https://www.natureasia.com/ja-jp/ndigest/v16/n6/%E7%B5%B1%E8%A8%88%E7%9A%84%E
　　　6%9C%89%E6%84%8F%E6%80%A7%E3%82%92%E5%B7%A1%E3%82%8B%E9%87%8D%E
　　　8%A6%81%E3%81%AA%E8%AB%96%E4%BA%89/98909
\*16　*The Lancet*, 374, 86-89, 2009.
\*17　http://www.jst.go.jp/kousei_p/kousei_pdf/2016workshop_kougi.pdf
\*18　http://www.iee.jp/wp-content/uploads/honbu/39-doc/2014-1_h1_1.pdf
\*19　https://www.jstage.jst.go.jp/article/johokanri/60/6/60_379/_pdf
\*20　https://www.jsps.go.jp/j-kousei/data/181122_2.pdf

# おわりに

　現在日本は「研究不正大国」として、諸外国から批判を浴びている。繰り返し研究不正を犯す「repeat offender」が目立っており、世界中から懐疑的な目が向けられている。

　諸外国を見れば、インドや中国など、急速に研究論文数を伸ばしている国々が数多く研究不正事例を抱えており、決して日本が図抜けているわけではないと思うが、諸外国の厳しい指摘に反論できる組織や担当者がいないのが現状だ。

　こうした状況のなか、日本は妙な静けさのなかにいる。

　STAP細胞事件は過去のものとなり、STAP細胞事件以上の事例や、驚異的なrepeat offenderが明らかになろうとも、騒がれることがなくなった。事件をスキャンダルとして消費してしまったがゆえに、飽きてしまったのだ。

　ここに大きな問題がある。研究不正を「事件」として取り扱う限り、事件が起こったときに対策をすればよいのだろう、ということになってしまう。

　研究不正は特異な個人が犯す「犯罪」ではない。個人の倫理観はもとより、研究者教育、所属した研究室の環境、研究機関や行政の対応など、さまざまなものが合わさり発生する。日本の「研究公正システム」の問題として捉えなければならない。

　そして、その「研究公正システム」は、日本だけで完結しない。研究者は諸外国を異動する。そのなかにずさんな「研究公正システム」を持つ国があったら、研究現場は大混乱に陥ってしまう。ずさんな国は批判され、その国出身の研究者は排除されるか、採用に厳しいハードルが課されることになる。

　だからEUなどは統一した研究公正システムを構築しようとしている。アメリカとの関係が強いカナダや中南米はアメリカの基準に合わせようとしている。

　しかし、日本はこうした時代の流れに乗り切れていない。研究者の流動性が乏しいからなのか、ずさんな「研究公正システム」を見直そうとしない。そのため、

日本から諸外国に渡った研究者が、日本の基準で研究をしたところ、研究不正として認定されたというケースが後を絶たない。残念ながら、今のままの「研究公正システム」でいたら、日本の研究や日本の研究者は世界から排除されてしまう。これがどれだけ日本の研究にダメージを与えるのか、研究者や政策関係者は理解しているのだろうか。

ここでパラダイムの転換をしなければならない。

研究不正の対応のみを考えていたら、その対策にかかる費用や労力は負担やコストとしてとらえられがちだ。だから各機関はできる限りコストをかけたくない。それではだめなのだ。研究不正を犯したものを罰するという狭い考えを超えて、いかに世界に伍する「研究公正システム」を作り、世界から信頼を得て、研究者に健全で質の高い研究をしてもらうのかという観点で考え直さなければならない。研究公正は日本のイノベーション政策の中心に位置しなければならないのだ。

日本では、犠牲者が出るような事件が起こらないとルールが変わらないと言われる。STAP細胞事件のような、社会的に大きく取り上げられる事件が起こるまで何も変わらないのか。それとも、次の事件を起させない日本独自の研究公正システムを自らの手でつくることができるのか。今私たちは岐路に立っていると言えるだろう。

本書が、研究不正にとどまらず、日本の研究のあり方を考えるきっかけになれば幸いだ。

研究公正に関してさらに理解を深めたい方には、以下の本をご紹介したい。本当はもっと紹介したいが、比較的最近出版された本で、手に入れやすいものを選んでみた。

村松秀著『論文捏造』中公新書ラクレ、2006
山崎茂明著『科学者の発表倫理——不正のない論文発表を考える』丸善出版、2013年

ウイリアム・ブロード、ニコラス・ウェイド著、牧野賢治訳『背信の科学者たち――論文捏造はなぜ繰り返されるのか？』講談社、2014年
山崎茂明著『科学論文のミスコンダクト』丸善出版、2015年
黒木登志夫著『研究不正――科学者の捏造、改竄、盗用』中公新書、2016年
有田正規著『科学の困ったウラ事情』岩波科学ライブラリー、2016年
田中智之、小出隆規、安井裕之著『科学者の研究倫理――化学・ライフサイエンスを中心に』東京化学同人、2018年
須田桃子著『捏造の科学者――STAP細胞事件』文春文庫、2018年
リチャード・ハリス著、寺町朋子訳『生命科学クライシス　新薬開発の危ない現場』白揚社、2019年

　また、研究公正に関する最新情報を知りたい場合は、科学技術振興機構（JST）の「研究公正ポータル」（https://www.jst.go.jp/kousei_p/）をご覧いただきたい。政府系の機関の研究公正に関する情報が集約されている。
　なお、白楽ロックビル氏が個人で作成しているウェブサイト「研究者倫理」（https://haklak.com/）は非常に参考になるサイトであるが、さまざまな困難に直面しているとのことで、皆さんが本書を手に取られるころにはなくなっているかもしれない。このことは研究不正について語ることが難しい日本の現状を明らかにしているように思う。
　本書が完成するまでに５年もの歳月を費やした。その間気長に待ってくださった日本評論社の佐藤大器氏に感謝申し上げる。また、本書の企画からずっとサポートをしてくれた春日匠氏にも感謝したい。そして、本稿脱稿後、ある会でお会いし、研究公正について議論させていただいた松澤孝明氏にもお礼を申し上げたい。このあとがきは、松澤氏との議論に多くを負っている。もちろん文責は榎木にある。

　　　　　　　　　　　　　　　　　　　著者を代表して　**榎木英介**

# 索　引

## 数字・アルファベット

| | |
|---|---|
| ADHD | 113 |
| AI | 65 |
| CiRA | 140 |
| CITIプログラム | 3 |
| eAPRIN | 3, 161 |
| ELSI | 13, 14 |
| ES細胞 | 13, 20, 21, 22, 23, 28, 34, 39, 40, 114 |
| FDA | 96 |
| HPVワクチン | 92 |
| iPS細胞 | 23, 40, 42, 114 |
| M&A | 117 |
| NIH | 102 |
| p-hacking | 4 |
| PI | 125 |
| PIラボ制度 | 125 |
| Pubpeer | 36 |
| repeat offender | 167, 179 |
| RIOネットワーク | 4 |
| SSRI | 109 |
| STAP幹細胞 | 18, 21, 22, 23, 36 |
| STAP現象 | 13, 14, 17, 19, 26, 29, 34, 36, 38, 40, 42 |
| STAP細胞 | 89 |
| TPP | 117 |
| VC | 119 |

## あ

| | |
|---|---|
| 相澤慎一 | 14, 15, 36 |
| アクションプラン | 17, 24, 27, 30, 32, 34 |
| 悪徳雑誌 | 170 |
| 預り金 | 126 |
| アテローム型動脈硬化 | 115 |
| 『あの日』 | 37, 38 |
| アブストラクト | 67, 68 |
| アリセプト | 97 |
| 有信睦弘 | 25 |
| 一般財団法人公正研究推進協会（APRIN） | 3, 160 |
| 遺伝子組換え | 99 |
| イレッサ | 102 |
| 岩本潤 | 2 |
| インスリン | 99 |
| インターフェロン | 101 |
| インターフェロンγ | 100 |
| インターロイキン | 101 |
| インターロイキン2 | 101 |
| インパクトファクター問題 | 78, 79 |
| 引用の間違い（quotational errors） | 169 |
| ヴォイニッツ, キンガ | 40 |
| 英国研究公正室 | 165 |
| エビデンスに基づく医療 | 111 |
| 遠藤高帆 | 21, 36, 39 |
| オーサーシップ | 67 |
| 大隈典子 | 34 |
| オープンアクセス | 82, 83 |
| 小保方晴子 | 13, 36, 37, 40 |

| | | | |
|---|---|---|---|
| 『小保方晴子日記』 | 39 | 研究管理部 | 153 |
| オリジナリティ | 77, 78 | 研究公正 | 13, 33 |
| | | 研究公正局(ORI) | 6, 165 |
| **か** | | 研究不正 | 45 |
| | | 研究不正再発防止のための改革委員会 | |
| 改ざん | 16 | | 44 |
| ガイドライン | 48 | 研究不正の連邦規制(Federal Research | |
| 科学・政策と社会研究室(カセイケン) | 8 | Misconduct Policy) | 165 |
| 科学技術省(MOST) | 166 | 検証実験 | 14, 15, 16, 17, 18, 20 |
| 科学技術振興機構(JST) | 4, 7 | 高学歴ワーキングプア | 142 |
| 科学としての不正 | 51 | 抗体医薬 | 101 |
| 桂勲 | 21 | 国立科学財団 | 165 |
| ガバナンス | 35, 43, 53 | コザール | 97 |
| 上昌広 | 159 | コンビナトリアル・ケミストリー | 94 |
| カロリンスカ研究所 | 165 | コンプライアンス | 43 |
| 川合眞紀 | 26 | | |
| 幹細胞 | 114 | **さ** | |
| 観察総監部(OIG) | 165 | | |
| 企業活動と医療機関等の関係の透明性ガ | | 『サイエンティフィック・リポーツ』 | 40, 42 |
| イドライン | 112 | 再現実験 | 15, 17, 20, 26, 29, 38, 42 |
| 基礎研究ただ乗り論 | 119 | 再現性 | 15, 16, 20, 26, 38, 42 |
| 疑念ある研究行為(Questionable Research | | 再生医療 | 114 |
| Practice; QRP) | 168 | 再生医療法 | 115 |
| ギフトオーサーシップ | 72, 73 | サイトカイン | 101 |
| キメラ胚 | 18 | 作文教育 | 76 |
| グラスゾー(Glasziou) | 172 | 笹井芳樹 | 27, 36 |
| グリベック | 102 | 佐藤能啓 | 2, 163 |
| クレイグ・ベンター | 102 | サブPI | 147, 156 |
| クレストール | 96, 107 | サンシャイン条項 | 112 |
| ゲノム | 102 | シェーン事件 | 70, 116 |
| 研究活動における不正行為への対応等に | | ジェネリック | 97 |
| 関するガイドライン | 2 | ジェネンテック | 102 |

索引 183

| | |
|---|---|
| 自家蛍光 | 15, 17, 18, 38 |
| 自己免疫反応 | 116 |
| システマティック・レビュー | 110 |
| 実験プロトコール | 71, 74 |
| 下村博文 | 30 |
| 初期化 | 42 |
| シングレア | 97 |
| 人工多能性幹細胞 | 42 |
| 須田桃子 | 31 |
| 成長ホルモン | 100 |
| 生物学的製剤 | 99 |
| 生命倫理 | 33 |
| 責任ある研究行為（Responsible Conduct of Research） | 168 |
| セレブレックス | 108 |
| 全ゲノム解析 | 21 |
| 先輩後輩カルチャー | 135, 136 |
| 双極性障害 | 113 |
| ゾロ新薬 | 106 |

### た

| | |
|---|---|
| 第1次調査委員会（石井委員会） | 16, 21, 29, 31, 36, 48 |
| 第2次調査委員会（桂委員会） | 21, 28, 32, 36, 47 |
| タキソール | 105 |
| 竹市雅俊 | 27, 31 |
| タシグナ | 118 |
| タミフル | 110 |
| チャルマー（Chalmer） | 172 |
| 追試 | 15, 16, 17, 20, 42 |
| 坪井裕 | 31 |
| ディオバン | 6, 94, 169 |
| テクニカルスタッフセンター | 156 |
| デジタル時代 | 76 |
| テラトーマ | 18, 37 |
| 統計学の誤用 | 171 |
| 盗用 | 16 |
| 特定不正行為 | 48 |
| トルセトラピブ | 96 |

### な

| | |
|---|---|
| 二重出版 | 169 |
| 日本医学会 | 171 |
| 日本医療研究機構（AMED） | 4 |
| 日本学術振興会（JSPS） | 4 |
| 丹羽仁史 | 14, 27, 36, 38 |
| 『ネイチャー』 | 13, 14, 15, 21, 28, 36, 37, 38, 39, 41, 42 |
| 捏造 | 16, 23, 38 |
| ノフラー, ポール | 26, 36 |
| 野間口有 | 27 |
| 野依良治 | 19, 24, 29, 34, 36 |

### は

| | |
|---|---|
| ハーセプチン | 102 |
| バイ・ドール法 | 94 |
| バイアグラ | 97 |
| バイアス | 169, 173 |
| バイオ医薬品 | 101 |
| バイコール | 107 |

| | |
|---|---|
| ハイスループット・スクリーニング | 94 |
| 胚性幹細胞 | 13 |
| バカンティ, チャールズ | 15, 25, 36 |
| パキシル | 97, 109 |
| 白楽ロックビル | 6, 7 |
| ハゲタカジャーナル | 170 |
| ハッチ・ワックスマン法 | 94 |
| 発表不正 | 169 |
| バルサルタン | 6, 169 |
| ビッグ・ファーマ | 94 |
| ヒトゲノム計画 | 102 |
| ヒューマリン | 100 |
| ファネリ(Fanelli) | 162 |
| 黄事件 | 116 |
| 藤井善隆 | 2 |
| 不正のトライアングル | 162 |
| プラスミノーゲン活性化因子 | 100 |
| プラセボ | 105 |
| プラバコール | 107 |
| プラビックス | 94, 96 |
| プロザック | 109 |
| ブロックバスター | 94 |
| プロテアーゼ阻害剤 | 105 |
| 文献引用の間違い(citational errors) | 169 |
| ヘルシンキ宣言 | 118 |
| ベンチャーキャピタル | 119 |
| 放送倫理・番組向上機構(BPO) | 6 |
| 保健福祉省 | 6, 165 |
| 捕食ジャーナル | 170 |
| ポスドク | 136 |
| ポスドク問題 | 120 |
| ポストドクター | 120 |
| ホルモン | 101 |

## ま

| | |
|---|---|
| マッキアリーニ | 165 |
| 松澤孝明 | 175 |
| 無意識のバイアス | 169 |
| メバコール | 107 |
| 免疫寛容 | 116 |

## や

| | |
|---|---|
| 山中伸弥 | 23, 120 |
| 有害な研究行為(detrimental research practice; DRP) | 170 |

## ら

| | |
|---|---|
| ラボ・マネージャー | 147, 155 |
| 『ランセット』 | 172 |
| 利益相反 | 90, 169 |
| リトラクションウォッチ | 2 |
| リピトール | 94 |
| 倫理・法律・社会的問題 | 13 |
| レスコール | 107 |
| 若山照彦 | 21, 27, 28, 36, 37 |

**編著者 榎木英介**(えのき・えいすけ)

1971年生まれ。神奈川県横浜市出身。東京大学理学部生物学科卒、神戸大学医学部医学科卒。博士(医学)。現在、一般社団法人科学・政策と社会研究室(カセイケン)代表理事／病理医。おもな著書に『博士漂流時代』(ディスカヴァー・トゥエンティワン(科学ジャーナリスト賞2011受賞))、『嘘と絶望の生命科学』(文春新書)ほか、がある。

(他の分担執筆者は執筆者一覧を参照)

研究不正と歪んだ科学
STAP細胞事件を超えて
2019年11月15日　第1版第1刷発行

| | |
|---|---|
| 編著者 | 榎木英介 |
| 発行所 | 株式会社日本評論社 |
| | 〒170-8474 |
| | 東京都豊島区南大塚3-12-4 |
| | 電話 (03) 3987-8621 [販売] |
| | (03) 3987-8599 [編集] |
| 印刷 | 精文堂印刷 |
| 製本 | 難波製本 |
| 本文デザイン | Malpu Design |
| 装幀 | Malpu Design (清水良洋) |

©Eisuke Enoki *et al.* 2019 Printed in Japan
ISBN978-4-535-78767-4

〈(社)出版者著作権管理機構 委託出版物〉
本書の無断複写は著作権法上での例外を除き禁じられています。複写される場合は、そのつど事前に、(社)出版者著作権管理機構(電話 03-5244-5088、FAX 03-5244-5089、e-mail: info@jcopy.or.jp)の許諾を得てください。また、本書を代行業者等の第三者に依頼してスキャン等の行為によりデジタル化することは、個人の家庭内の利用であっても、一切認められておりません。